U0003821

LOCUS

LOCUS

LOCUS

LOCUS

mark

這個系列標記的是一些人、一些事件與活動。

mark 155
我不是孵蛋器——憤而提筆的懷孕日記

宋赫娜　著
陳宜慧　譯

編輯　連翠茉
校對　呂佳眞
美術設計　許慈力

出版者：大塊文化出版股份有限公司
台北市105南京東路四段25號11樓
www.locuspublishing.com
讀者服務專線：0800-006689
TEL：(02) 87123898　FAX：(02) 87123897
郵撥帳號：18955675　戶名：大塊文化出版股份有限公司
e-mail:locus@locuspublishing.com
法律顧問：董安丹律師、顧慕堯律師

總經銷：大和書報圖書股份有限公司
地址：新北市新莊區五工五路2號
TEL：(02) 89902588 (代表號)
FAX：(02) 22901658

初版一刷：2020年5月
定價：新台幣 380 元
ISBN 978-986-5406-67-7
Printed in Taiwan

國家圖書館出版品預行編目資料

我不是孵蛋器：憤而提筆的懷孕日記 / 宋赫娜著；陳宜慧譯. -- 初版. -- 臺北市：大塊文化, 2020.05
面；　公分. -- (mark ; 155)
ISBN 978-986-5406-67-7(平裝)

429.1207　　109003822

我不是孵蛋器

憤而提筆的懷孕日記

宋赫娜

陳宜慧 —— 譯

나는 아기 캐리어가 아닙니다

——— 열 받아서 매일매일 써내려간 임신일기

審訂及推介序

陳勝咸 醫學博士
前台南奇美醫學中心婦產部部長、
教育部部定教授、現任台南大安婦幼醫院院長

大塊文化出版社給我韓國宋赫娜所著的《我不是孵蛋器——憤而提筆的懷孕日記》書稿，以婦產科醫師為志業的我，心有戚戚焉，因我雖然不是孵蛋器（incubator），但我總戰戰兢兢把孵好的蛋，在子宮內的胎兒順利助生出來（labor），盡力使得母子均安，那我豈不是「助孵蛋器」了嗎？

宋赫娜提到「我的身體是我的，但似乎不再受我控制，舉凡如吃喝的日常，一直到生產方法的選擇，整個社會儼然都可以主張我的身體」，我更是身有同感，和韓國、日本同樣是在東亞文化圈的台灣，

更是有類似的問題，造成準備懷孕、懷孕中、產後的女性朋友，還要承受懷孕之外的壓力及負擔，如最近電影《金孫》，可看出來，作爲女性都難，作爲懷孕前、中、後的女性更難。

本書作者宋赫娜在推特（twitter）上的懷孕日記（@pregdiary-ND），引起韓國對懷孕、生產等等的網路熱議，更獲得衆多女性的共鳴。她更記述：「我的日記既是爲了自己，也是爲了揭露孕婦在缺乏關懷和溫度的環境下，究竟過著什麼樣的生活。」

本人也重溫一次懷孕四十周的艱辛，不輸海軍陸戰隊的天堂路。分娩（delivery）也彷彿是登陸，把兵力從海上投射到陸上。

本書是中譯本，本人榮幸獲邀爲審校，也在審校後寫篇推介序，本書本人拜讀三次，其內容及感想一一如下：

懷孕是一種女性的榮耀卻也增加生理及心理的負擔。又加上工作等等，會不會超出負荷，要女性扮演雙重生產者。

女性本身在懷孕中，身體不適、身體形象感、身體自主權、懷孕中的併發症或原本病症加重；從「表觀遺傳學」（epigenetics）的觀點來看，又會影響到胎兒，甚至成了「高危險妊娠」（high-risk pregnancy），眞的很辛苦。

「減壓」，任何對女性而言，都是困難的。

少子化是整個社會所面對的問題，不宜也不能由女性完全承擔一切，更要建立友善的女性就醫環境、社會支持資源的總動員、人性的關懷……等等。

本人三十年產科醫師的經驗（可參考 PS.）。宋赫娜一些個人看法，給予較實證且有共識的評論，如子宮外孕（ectopic pregnancy），就不盡然適合用藥物。

創造繼起之生命，是社會的共同願望及責任，以往「男主外，女主內」，反而在現代社會，女要主內也要主外（工作及面對家庭的一切），如何解決及配套是文明社會的指標及努力方向。大家一起體諒並體貼，一起努力吧！

PS. 本人著有《產科醫師的好孕教室》，時報出版公司，二〇一九。可供參酌。

寫於大安婦幼醫院

二〇二〇年三月八日婦女節

推薦——

拆除厭女文化的違建

跪婦諾拉　人權主義者、文字工作者

「懷孕都是這樣的！」「騙人毋捌生過囝！？」閱讀完宋赫娜筆下的暴力韓國社會，發覺不論是台灣或是韓國社會，習慣將每個孕婦不同的經歷扁平化，限縮懷孕差異的相關討論；見樹不見林，將孕婦的問題簡化成個人案例，欠缺系統性影響的思考，比如：職場欠缺同理心與工作量的調配，單單做比較或是批評孕婦的工作效能；鼓吹自然產，制度懲罰或嘲諷剖腹產，爲母愛打分數；沒有母奶，也常見歸因爲產婦不努力或是方法不對，而不顧產婦的意願，或是去檢討環境是否提供友善的支持等。在生產相關制度的現況，諸如：給付太低照護不足、職場歧視、勞動法條或制度設計，造成對女性的種種忽略或是壓迫，台灣或是韓國的狀況都極爲類似。

對於孕、產婦的保障，台灣有一項獨步全球，以考量女性生產風險爲初衷的「生產事故救濟條例」，在二〇一五年立法通過，二〇一六年已開始實施，已稍微緩解婦產科醫師人力嚴重流失的問題。推動該項制度的「台灣女人連線」等婦女團體，多年來關注女性權益與健康，持續推動提高女性懷孕生產相關之預算編列、研擬合理制度與配套等等；近來更進一步倡議國家應該提供「哺育」的多元資訊給不同族群的媽媽選擇，而非只有推廣「母乳哺育」。並且逐步改善母嬰親善醫療院所的評鑑制度，持續呼籲尊重孕、產婦的自主選擇權。

宋赫娜在二〇一八年間懷孕的日記書寫中，特別揭露她在地鐵上的遭遇，她指出：「在地鐵最容易了解韓國社會如何看待孕婦。」即便是對於韓國厭女文化已有粗略耳聞，但是讀及她搭乘地鐵遭受漠視或是言語暴力的切身經驗，還是讓人吃驚不已！在台灣大眾運輸系統中，讓座給孕婦的風氣已十分友善與普及，難以想像韓國孕婦的心理創傷。她逐週記敘孕期各階段身心變化的不適與面臨的困境，同時映照韓國社會欠缺同理心的無知對待，與對女性的身體自主權的暴力介入，程度相較於台灣，是更加坎坷嚴峻。

宋赫娜疾聲呼籲：「發生在女性身上的事就該由女性選擇，女性的身體是女性的，非社會所有。」她以清晰明快的思路，破解韓國社會對於孕婦主體性的矛盾態度，從孕程中一一檢驗社會的無知與欠缺細膩考量的行政制度；以不畏懼被討厭的勇氣論理反擊，讀來快慰人心。

女性在孕程中要獨自承受這麼多的焦慮恐懼與憤怒，即便是自己的枕邊伴侶或是家人都可能無法同理，也難怪孕婦感覺孤獨而無助。也許您是正準備懷孕或是正值懷孕期間的女性，或是已有生產經驗的，透過閱讀與爬梳宋赫娜的文字，相信將帶給您心靈上的指引與共鳴，從而穿越五里迷霧，辨識並拆除厭女文化的違建，見樹又見林地明白許多問題應當從系統的制度上去解決。

性別平等的倡議，往往都帶著相對剝奪感，容易招惹反感，但是國家解決「低出生率」不應單對女性呼籲檢討，讓女性孤獨地承受痛苦。解決性別不平等、消除對女性的歧視壓迫，需要從個人到系統之間，不斷來來回回地討論、調整，讓扁平單一的視角變得更爲廣闊、立體。所以宋赫娜才要不斷地說，不斷地呼喊：「我不是孵蛋器！」期待她的著作能引發台灣甚至是海外廣泛的共鳴與討論，改善不利下一代的處境。

目次

前言——每個懷孕故事都不同

當我告訴朋友懷孕的消息時，得到的反應多半是「妳？」「真的？」「爲什麼？」對他們來說，這太不尋常了，因爲印象裡，我是個絕對不會生小孩、熱愛自己和生活的人。

這樣的「我」究竟爲什麼懷了孩子呢？回想起來，當時的我對人類和自己充滿信心，深信人類自誕生以來重複過無數的懷孕和生產，自己也一定可以做到。

但，懷孕後我才知道，自己一點也不了解懷孕和生產。

女性只要排卵期不做任何避孕，與男性有性行爲後就可能懷孕。

在生物學上，女性的卵子與男性的精子相遇形成受精卵，在女性的子宮著床即稱爲懷孕。受精卵歷經十個月在女性的身體內不斷分裂、成長，直到新生命誕生。以上就是我從正規教育學到有關懷孕和生產的全部知識。

我是在審慎計畫下懷孕的，懷孕在我的預期之中。原以爲只要懷孕初期孕吐幾次，過了挺著大肚子搖搖晃晃的時期，孩子就會自然而然出生。不料，自驗孕棒出現兩條紅線起，我的世界就完全被顛覆了。由於荷爾蒙改變，我總是感到疲倦、心煩且噁心；大腿痛得像被錘子敲打；半夜捧著肚子翻身；孕吐結束後，子宮變大壓迫骨盆韌帶；從未曾經歷的疼痛以及頭暈目眩，渾身不舒服，都令我害怕、不安。但當我向人訴說這些情況和感覺時，得到的回應往往是，「每個媽媽都會經歷這些，不是只有妳這樣」。

於是，我用匿名的推特帳號「懷孕日記（@pregdiary_ND）」記錄有關懷孕的瑣事。這期間，我也才領悟到未曾懷孕和生產的人對此有多麼無知。看了我這十個月體內發生了什麼事，過著什麼樣的生活，社會如何對待、控制並歧視孕婦，沒有經驗的人反應是「不知道」或「驚嚇」。每個人毫無例外都經由懷孕和生產過程誕生，卻對女性身體發生的事全然不解，讓我不禁懷疑社會也許有組織且有系統隱瞞了孕婦的聲音。只有懷過孕的人才對我的故事有共鳴，並分享她們的經驗和故事。

懷孕和生產的過程，我很痛苦。身體必須適應每個階段的新變化，往往伴隨著疼痛，然而，醫院和社會只會告訴我「胎兒很好」，或是「懷孕都是這樣的」。不只身體疼痛，承受社會對孕婦不友善的眼光也很艱難。上下班搭乘的大眾交通工具上，孕婦行動緩慢，會妨礙他人，因此人人都想避開；公司裡，孕婦則是拿不出績效成果也不加班的麻煩人物；國家表面上鼓勵生育，實際制度則十分匱乏不足。每經歷一次這些事，孕婦就更堅定不想再生。我就是以這樣的心情記錄著每一天，直到孩子出生。

一開始，我十分訝異女性關於懷孕、生產的故事竟然如此之多，我和她們相互傾吐，一起憤怒和哭泣，是她們和她們的經歷助長了我持續記錄的動力，並讓我得以在匿名的空間開誠布公她們不曾、無法訴說的悲傷。與此同時，我也從這些故事中領悟到，不僅經驗中的當事人，也就是「女性」被孤立，懷孕的「過程」也被社會排除了。社會將每個孕婦不同的經歷扁平化，將她們圈到「已婚有子」的分類中，限縮懷孕生產的相關討論，並劃定爲私人故事。但我們有話要說。懷孕經驗人人不同，不能依據結婚與否劃分孕婦，也不該排除「自發或非自發不懷孕」的女性。

此記錄能集結成書，受到推友（推特朋友）很大的幫忙，她們的經驗和建議也一併收錄在本書中，大大補充了我的侷限。儘管只是個人的故事，但這些記錄對煩惱是否要懷孕的人來說，未嘗不是一項資訊來源，同時也是對社會的衝撞，希望能成爲開啓多樣性懷孕生產經驗訴說的契機。

第1個月

我能完成懷孕這項任務嗎？

第3周

#受精卵著床 #無論如何都必須工作——二〇一八年一月八日

經過多次討論後，我和老公決定生小孩。老公一開始因爲擔心我身體孱弱難以負荷而猶豫，但我始終自信地反駁。前人一直以來安然完成的事，難道我會做不到？我夢想著我們一家玫瑰色的未來，一邊計畫懷孕：不使用避孕藥和保險套之下，配合排卵期與老公行房，每天早晚懷著忐忑的心情確認驗孕棒……就在今天，驗孕棒出現了兩條模糊的紅線。我懷孕了。雖然是計畫性的懷孕，但在確認那兩條線的當下，我的腦袋瞬間空白，突然間，什麼想法都沒了，而從現在起，我成了個充滿煩惱的人。

單單結合的受精卵在我的子宮壁上著床，我的身體就變得奇怪。頻繁的睡意著實嚇到我，上班不停打瞌睡，最後不得不決定買杯咖啡。但，雖然腹中的孩子都還只是細胞，尚不足以被稱為「胎兒」，卻已經讓我喝杯咖啡都有愧疚。點了雙份濃縮咖啡，又立刻改放半份濃縮。真的只為了消除睡意。

無論如何我都必須工作。在專科醫生尚未確認懷孕事實之前，不可能向公司報告這件事，但就算有了確診書，若無法順利執行業務，似乎更印證了「女人就是不行。結婚懷孕就沒辦法工作」的說法，因此只得繼續鞭策睏倦的自己。

之後還會遇到多少麻煩呢？驗孕棒上出現的不只是模糊的兩條紅線，似乎也勾勒了我未來天翻地覆的生活。

「這些都是成為媽媽的過程啊」、「世界上所有媽媽都經歷過的事」，這些話之後應該會不斷聽到吧？懷孕前我就很討厭的話，現在和往後也不會喜歡。

#成功懷孕 #沒有自信——二〇一八年一月十日

一整天都覺得噁心想吐，我想就是所謂的孕吐。喝了水，暫時忍住頭痛繼續工作。究竟能不能完成懷孕這項任務呢？我的自信似乎早已消失。

決定在工作狀況記錄簿上申請早退，我很怕上司或同事看到我因懷孕而不舒服的樣子。如果懷孕，當然不會再與平時相同，公司這個空間會讓懷孕的女性對自己更嚴格。我只好趕緊完成手上的工作，逃也似地離開辦公室。希望地鐵的孕婦座[1]是空的。我搭乘的路線上，從未看過孕婦座是空的。

#只是細胞 #孩子與我的分離——二〇一八年一月十一日

我做著自慰的夢，卻因嚴重腹痛驚醒。不是性行爲，也不是眞的自慰，只是自慰的夢也這麼痛，眞覺得委屈。爲什麼有這樣的腹痛？因爲子宮收縮嗎？子宮收縮，對好不容易著床、正在生長的孩子來說，是否就像整個世界在震動？孩子安全嗎？

想了許多，爲自己的情欲嚇壞腹中胎兒感到愧疚，拋下欲望，懷孕前，原以爲可以將腹中胎兒與自己分開來思考。這個腦尚未成形，沒有情感、想法，什麼都沒有、名爲「孩子」的細胞團塊，將由我賦予人格，讓我對自己的每個行爲戰戰兢兢。身爲理性且獨立的女性，一向自負的存在似乎已經破滅了。

1 韓國的地鐵和公車除了老弱座〔노약자석〕，另設有孕婦博愛座（本書皆簡稱孕婦座），起因於韓國長幼有序的文化，博愛座上的老人往往不會將位子讓給孕婦，爲使孕婦在搭車時也能坐著休息，才特別設置孕婦座。

#每天每天都是無止境的循環——二〇一八年一月十二日

半夜，鼠蹊部非常痛，痛得讓我害怕會這樣持續下去。如果這是懷孕必然的過程，再辛苦我都會忍受，但害怕的是孩子有了異常，或是在錯誤地方著床了。很想立刻就醫確認孩子是否在對的位置，是否正常成長，但一切要等到懷孕第五、六周才能診斷，眼前只能無奈的等待。等待那天來臨非常辛苦，每天每天都成了無止境的循環，擔心孩子是否安然無恙，是否會流產。這樣的想法真可笑。我的身體早已不是自己的了，在擔心的同時，我也感到哀傷。

第2個月

原來懷孕的故事這麼多

第4周

#無處可說，沒人要聽——二〇一八年一月十四日

一整天下腹刺痛，就像經痛嚴重的日子。嚴重的月經痛和排卵痛讓人無法正常生活，但月經痛只要吃止痛藥就能緩解，止痛藥無法解決的排卵痛，也只要吃了避孕藥就能避免疼痛，但現在的腹痛卻別無他法，只能委屈地哭著忍受。只因爲懷孕，我的身體發生異常，很難受，卻沒有解決方法，簡直快瘋了。氣力用盡，憂鬱，覺得噁心，想緩解孕吐而吃點東西又會胃痛。

韓國人的觀念裡，向來認爲女人天生有子宮，生育就是她的宿命，但活了三十多年的我，卻一點也不了解懷孕、生產，以及社會對

懷孕生產的看法。爲何沒人仔細告訴我這些痛苦和悲哀？是因爲經歷懷孕和生產的女性沒有可以訴說的地方？我也找不到可以聽這些事的地方。應該讓更多人知道懷孕過程的眞實情況，一生被視爲「會走路的子宮」，卻對子宮內會長出東西並變大這件事所知無幾，單單成爲孕期荷爾蒙的奴隸前，確認懷孕的過程就讓人心神不寧，接下來的九個月又會如何呢？

因此，我必須持續記錄懷孕的種種，以及心情。

#子宮收縮 #不是快感，是疼痛——二〇一八年一月十八日

老公出差好幾天了，昨晚夢到與老公做愛，後來便被肚子痛驚醒了。似乎是子宮收縮。不會吧，難道接下來九個月我都無法有性行爲嗎？我親身體驗了因性行爲而起的懷孕，又反過來成爲性行爲墳墓的

矛盾情況。因爲孕期荷爾蒙，我常夢到未曾夢過的春夢，但懷孕初期的孕婦，自慰和做愛必定帶來子宮收縮，而子宮收縮不會是快感，而是劇烈疼痛。

上班，搭了公車，因爲反胃拿出事先準備的豆奶默默插上吸管。現在就把豆奶喝掉，到了公司怎麼辦。沒有孕吐生存食品，也就是豆奶之下工作，就好像把手機忘在家裡一樣令人不安。

第5周

#周末的婦產科——二〇一八年一月二十日

終於到了周末。爲了確認孩子是否健康，清晨起床，我趕在開院時間就去了醫院。睡懶覺是一種奢侈，因爲周末的婦產科就像戰場，稍微晚一點就沒停車位，等待時間也是驚人的漫長。整個國家都在討論低出生率[2]，但有關當局似乎一點也不關心醫療基礎設施的擴充。

2原註：「生育率」和「低生育率」，彷彿追究著生小孩的主體，也就是女性的責任。本書一律使用「低出生率」和「出生率」代替「低生育率」和「生育率」。

#拿孕婦徽章的過程也很辛苦——二〇一八年一月二十二日

不知為何，地鐵的孕婦座居然是空的，於是我坐了下來。外表上，我不像懷有身孕，也尚未拿到可以代表孕婦的徽章，所以很不安，周圍的人似乎用眼神在責罵我，反倒大叔們坐得一派輕鬆。

地鐵站櫃台可以拿到孕婦徽章，轉乘途中便順道過去。問了站務人員才得知，徽章並非由各區政府自行發放[3]，因此目前地鐵站沒有徽章了。到了轉乘站，我決定再挑戰一次。找到櫃台，沒想到對方竟然反問：「這裡有那種東西嗎？」我想知道其他站的情況，打電話到各站詢問，卻發現也早都發完了。因為孕吐，常常舉步維艱，這次還白跑一趟。

帶著最後一絲希望，出了地鐵去顧客服務中心詢問是否有孕婦徽章，答覆是首爾交通公社（首爾地鐵）可能有。

從外表看不出懷孕的孕婦若想使用孕婦座，就必須戴上孕婦徽章以示證明。保健所可以拿到徽章，但上班族如我平日要去保健所並不容易。

我，可以使用孕婦座嗎？取得孕婦徽章竟是如此困難。也許其他車站還有機會，所以這幾天我抱著厚重的孕婦手冊繼續奔波。

#子宮外孕#孵蛋器——二〇一八年一月二十三日

半夜因劇烈腹痛驚醒，打滾了好一陣子。痛的地方是左下腹，醫生說可能是「子宮外孕（Ectopic pregnancy）」，我很害怕。疼痛可能源自輸卵管或卵巢。若真是子宮外孕，沒其他方法，只能切斷輸卵

3 譯註：孕婦徽章由保健福利部委託人口福利協會製作並發放。孕婦須向站務人員出示懷孕確診書或孕婦手冊才能拿到孕婦徽章。

管，或吃藥引產，我因此無助地害怕了好幾天。

著床後的兩三周，超音波什麼都看不到，驗血又只能確認孕期荷爾蒙的數值，即使去醫院也得不到答案，加上無法告訴家人懷孕的消息，只能獨自害怕。身體狀況即使很差，仍須如常上班，痛苦一樣得獨自承受。

從來不知道子宮外孕的機率這麼高[4]，之前唯一一次認識子宮外孕的場合是中學的家政課上，但也因爲被教導子宮外孕源於錯誤的性生活，總認爲與我無關。實際上，懷孕十二周以前的早期流產或子宮外孕很常見，韓國女性每五名就有一名自然流產，而百分之七十[5]發生在懷孕初期，每一千名女性就有十七．三名有過子宮外孕的經歷。但在進入這個「世界」前，我完全不知情。

早期流產的女性能自在地訴說自己流產的事實嗎？流產的女性，恐怕會被烙上「疏於管理身體、導致殺死珍貴生命的母親」的烙印，不會有人關心是因爲染色體異常使孩子無法再成長的事實。孕婦面對早期流產幾乎無可遵循，從一開始就產生了這種胚胎。

我在推特上搜尋子宮外孕，結果嚇了一大跳。子宮外孕的女性不是被當作八卦消遣，就是成爲同人誌的題材，或被視爲紊亂性生活下的悲劇。這都是因爲缺乏正確教育所導致的吧？

子宮外孕就是可能就這樣發生，不論對誰都可能「就這樣」發生了。受精卵應該在子宮內著床，如果無法抵達子宮而在卵巢或輸卵管著床即爲子宮外孕。人類身體的確十分奧妙！輸卵管有著狹窄器官的

4 原註：子宮外孕每千人有十七．三人。年齡越大子宮外孕機率越高。《中央日報健身版》，二〇一八年十二月十日。

5 原註：孕婦每五名中就有一名自然流產，四十多歲的高齡產婦則有一半以上的流產率。《聯合新聞》，二〇一五年二月三日；〈懷孕初期二至三個月，流產率七十％〉，《Money Today》，二〇〇八年八月二十一日。

特性，胚胎無法生存，但著床後的胚胎持續長大，將對器官造成嚴重損傷，所以必須切開輸卵管或卵巢，清除胚胎。也常會以藥物引產，讓胚胎隨出血排出，並去除子宮內壁的著床餘物。希望不要再以道德衡量他人的痛苦，或將其痛苦作爲「同性戀」題材。

坐「孕婦座」又失敗了。故意看了看座位後方的粉紅色貼紙，白了坐在上面的年輕男子一眼，隨即又被「迎接未來主人翁之位」的標語惹火——我不是孵蛋器，我需要的是「關懷今日孕婦之位」，於是再看了那名男子一眼，這才發現是外國人。外國人可能不理解粉紅色貼紙的意思吧，我爲白了他一眼感到抱歉。這條路線常有外國遊客搭乘，卻連外文標示都沒有。引進孕婦座已經五年了，別說民眾意識，行政上的細膩度顯然也不足。

Abassclef

這些座位應該是「博愛座」而非「關懷座」。

Iliana

像「老弱座」一樣，叫「孕婦座」如何？

#孕婦的現實#複雜的懷孕討論——二〇一八年一月二十四日

收到名爲「未婚趨勢」的推特 mention（推特內向特定使用者傳送訊息）。我問對方是不是想嘲弄我懷孕的事，但不久對方就刪除了我原本的 mention。我也經常看到因爲我的「懷孕日記」感到幻滅，表示絕對不懷孕之類的文章。

看了我的懷孕日記，確實有可能不想懷孕。懷孕中發生的事，過去的學校教育沒有教，更不可能聽身邊的人提及。我也對自己遭遇的狀況感到慌張、害怕且痛苦。我希望大家可以透過我的日記進一步了解懷孕的現實，並刺激不確定是否要懷孕的女性，和不會懷孕但有義務具備更多關懷的男性，以及整個社會。

這並不表示懷孕的我人生是不幸的。我有著幸福的婚姻生活，老公雖有不足之處，但認眞學習懷孕、生產和育兒相關的事。驚訝的是，女性有各種生活故事，懷孕女性也是。

媽媽對懷孕後常感疲憊的我說：「別在推特淨寫這些奇怪的事」、「每個當媽媽的都會經歷」。這可不行。聽了之後，我更想盡力發聲，做更不一樣的事。懷孕和生產的痛苦不能再由女性獨自承擔，這之中不知道隱藏了多少故事，是個豐饒的祕密庭園。

我的「懷孕日記」當然不足以代表所有的懷孕故事，因爲懷孕和生產經驗並不扁平。如同每個人的長相都不同，器官功能、體力、身體狀態、日常習慣也各不相同。不能片面將多樣且複雜的懷孕生產過程的這些經驗，化約爲「已婚有子女性」的故事。我更希望懷孕的故事中，不會排除「自願、非自願不懷孕女性」。

sing

看了懷孕日記，覺得荷爾蒙真的好可怕。懷孕初期很厭世，懷孕生活也讓人心煩，明明是夫妻兩人的孩子，卻只有我因懷孕受委屈，老公別說是理解了，反而只會說懷孕都是這樣……真的很心累。

到了懷孕中期，雖然荷爾蒙和身體都穩定了，心情也比較平靜，但包含我在內的所有人實在太不了解懷孕。大家會覺得不就是孕吐（連續劇中的乾嘔）和大肚子嗎？懷孕前覺得十個月月經都不會來很便利的我簡直傻瓜。我不知道懷孕初期會活在像月經痛一樣的疼痛中，更不知道往後各種腹痛、四肢痠痛、消化不良、貧血、身體沉重、體力變差、疲倦、乳房疼痛、出血等各種痛苦都會隨之而來。第一次生產對每項症狀都很敏感，總是不安且擔憂，難過的是各種症狀均無法使用藥物緩解，必須自己撐下去。希望藉懷孕日記的推特，可以讓孕婦前輩們以「我～」起手的個人經驗公開！

＃婆婆 ＃好消息——二〇一八年一月二十五日

婆婆好像原本期待我和老公婚後就馬上生孩子。但我們之前很認眞避孕，當然不可能有小孩。婆婆來訪總會問我是否有「好消息」，後來則直接對我說：「妳是不是在避孕？不要避孕啊。」她對自己的兒子什麼都不說，只會問我「好消息」，又叫我不要避孕，我因受辱和憤怒全身顫抖。

這次我爲了告知懷孕的消息拜訪婆婆，才要開口，她就先問是否有「好消息」了。確定是「好消息」後，婆婆滿面紅光，興奮得無法自已，說她每次朋友聚會，都被問起已婚兒子的「好消息」，讓她很不開心，怪罪我就算大清早也該立刻打電話告訴她才是，不久前在友人的婚禮上又被熟人詢問，如果我及時先告訴她，她就能開心地炫耀了。對婆婆來說，媳婦懷孕的消息就只是這樣？

#縮短工時和育嬰停職 #那背後——二〇一八年一月二十六日

原以爲懷孕的辛苦就在那沉重的肚子，萬萬沒想到問題會是荷爾蒙。懷孕初期簡直成了荷爾蒙的奴隸。肚子痛、疲倦、噁心、無力，甚至晚上受失眠所苦，即使好不容易睡著，也是每兩個小時就醒來一次。

然而，再辛苦也不能影響日常生活，正是懷孕初期最大的困難。每天至少會出現十二次辭職的念頭。當然，沒辦法辭職，辭職哪有錢養育孩子。管理費、醫藥費都需要錢。房貸呢？保險費呢？我和老公曾坐下來一起聊這些現實的煩惱，但別說改善了，連個粗略的對策都沒有。

韓國有縮短孕婦工時的制度，規定懷孕十二周內、三十六周後的女性勞動者，得於不減薪的情況下，每天縮短兩小時工時。一般孕婦在懷孕的第五、六周取得懷孕確診書，而通常是第六周，因此只有不到一個半個月的時間可以使用，至於三十六周後大多數人會請產假，實際上該制度並不實用。

不久前，看到政府宣布自二〇二〇年起配合懷孕前期實施縮短工時制度[6]。看起來情況似乎正在改善，雖然仍有許多孕婦無法使用，因爲來自上司和同事的壓力，只能選擇從懷孕第十周起使用縮短工時制兩周。提起縮短工時，因爲得到冷淡回應而默默回到崗位的女性也很常見。這是我的權利，我希望不用看他人臉色，但要假裝沒看見並不容易。

即使縮減兩小時的工時，工作量不會跟著變少。一直到下班前都必須抓緊工作，或原本需加班的工作量得在六個小時內完成，忙到不可開交。即便如此還是得看人臉色。

前輩們在此處境下，不是默默忍受懷孕的辛苦，便是選擇辭職。女性最後還是得獨自奮鬥。有多少人理解孕婦在職場中的爲難呢？

一般人無法相當程度的理解，想突破就只能靠制度，但目前這個制度太不可靠了。法制修改，之前只能在產後使用的育嬰停職，自二

6 原註：〈孕期縮短兩小時工時的制度擴大適用至懷孕初期〉，《BabyNews》，二〇一八年一月三日。

○一八年下半年起也能在產前使用[7]，這看似反映了孕期的痛苦，但其實只不過是朝三暮四。不僅可以使用育嬰停職的職場不多，即便得到停職許可，法定育嬰停職也只有一年，這一年的時間可以分散在產前和產後使用，若產前使用，產後育嬰停職的時間就會縮短。越了解就越不開心。

給薪問題也是如此。育嬰停職的薪資是停職前薪水的百分之四十，因有上限，所以最多能領到的金額只有每個月一百萬韓元[8]。爲了鼓勵育嬰停職後復職，育嬰停職薪資額的百分之二十五於復職六個月後一次給付，因此育嬰停職期的實際領取額比想像中低。甚至育嬰停職期間即使沒有收入，仍以停職前的所得爲基準徵收健康保險費，所以復職後需要支付高達數十萬韓元健康保險費[9]。

依據這樣的現實，無法理解憑什麼要女性懷孕，或是叫懷孕的女性上班。

matrenin

我在懷孕前也是人云亦云，認為即使懷孕也要工作。但這是女性獨自應戰的無聲戰鬥。我因為一天吐八次，所以上班時什麼事也做不了，即使提前用完三周的有薪年假，仍因孕吐未減輕而辭去年薪一億多韓元的工作。

7原註：〈孕期中最多可提前十個月的育嬰假〉，《韓民族》二〇一七年十二月二十六日。

8根據二〇二〇年之匯率，一韓元約等於新台幣〇・〇二五元，因此，一百萬韓元約爲兩萬五千元台幣。

原註：同註7，《韓民族》，二〇一起年十月二十六日。

原註：自二〇一九年起育嬰停職的薪資從現行經常性薪資的百分之四十提升至百分之五十。此外，上限也由自育嬰停職日起三個月止，每個月一百五十萬韓元，提升至第四個月起每個月一百二十萬韓元。

9原註：爲了減輕這樣的負擔，二〇一九年後施行由加入國民年金或國民健康保險的職場加入者負擔最低標準，即九千韓元的育嬰停職期間健康保險費。

原註：〈比提倡「多生孩子」更重要的是打造更好的育嬰環境〉，《京鄉新聞》，二〇一八年十二月七日。

第6周

#女性的身體是自己的——二〇一八年一月二十七日

我的推特上出現了這樣的訊息：「即使生了小孩世界也不會變」、「放心工作，盡情吃想吃的東西，好好生活」、「停止懷孕吧」。

我因爲想和所愛的人永遠廝守而結婚，和他在一起很幸福，希望也能和長得像我們的孩子過更幸福的生活，經過無數次煩惱，最終選擇生小孩（雖然不知道是否適用「選擇」這個詞）。

隨著社會關懷、政策制定和醫學發展，懷孕女性的痛苦理應獲得緩解，但何時我們應享的權利得來容易？雖然變化有限，我還是希望匯集「你」「我」的熱情，努力打造一個更宜居的社會。

女性的身體是女性的，女性的生活應由女性自己決定。女性必須有權終止自己不願實現的懷孕，所以我對墮胎罪的傲慢感到憤怒。同樣地，懷孕的身體也是我的，懷孕是我自己的決定，粗率的叫哭訴懷孕痛苦的女性「去墮胎」，並不會爲我們帶來任何解放。我連自己的懷孕不容他人隨意置喙也得說明嗎？

#獎勵出生政策的缺點——二〇一八年一月二十八日

朋友知道我懷孕的消息後，除了祝賀，也想帶好吃的東西來探訪我。沒懷孕過的朋友不知道孕婦的相關常識，像我是懷孕初期的孕婦，稍微勉強就可能有流產的危險，因此便以必須常常躺著爲由拒絕，不料他們不太高興。突如其來的身體變化會讓我感到疲憊，而變化往往以分鐘爲單位，就連說明自己的狀態也需要力氣。

我已經說過很多次，孕婦的經驗並不扁平，每個人的體力、反應、孕吐型態也不盡相同，然而，肯定存在著大家共同面對的困難。懷孕後，深刻感受到這個國家的國民對孕婦都沒有足夠的理解。國家一再強調「低出生率」危機，強調適孕年齡女性的生育責任，我卻認為，在這之前，國民應先具備懷孕的相關常識，所謂優秀的生育獎勵政策應該從這裡開始。

「新世界集團」施行每周工時三十五小時的制度，受到輿論高度讚揚，後來看到報導指出，由於工作量與制度施行前相同，休息時間反而減少，工作強度也變強了[10]。喔？你說這這故事有多熟悉？啊，正是我的故事啊。我最近正在使用縮短孕期工時的制度，但因工作量未減少，反而更忙、更辛苦。下午四點後我不在公司，同事因此覺得很不方便，也擔心成為我產假和育嬰假的勞務代理，因為公司不會招聘替代育嬰停職者的員工。被無心的同事埋怨其實是整個體系的問題。不落實正確的制度，卻想克服「低出生率」？沒那種事。

#連續劇裡的孕吐 #現實中的孕吐——二〇一八年一月二十九日

連續劇裡的孕婦聞到食物味道，轉頭「嘔，嘔」。小時候的我以爲這就是孕吐，長大後以爲孕吐最差就是乾嘔，偶爾嘔吐，現在，問我孕吐是如何，我會這樣回答：就像吃得很撐還去搭船，海上瘋了般波濤洶湧，讓你恨不能乾脆暈倒，但又無法如願，勉強打起精神卻發現船正在茫茫大海上漂流，看不到陸地，似乎毫無停泊的可能，就是這樣沒有期待也沒有希望的二十四小時且持續數周。

10原註：〈新世界集團實施「每周三十五小時工時制」後……超市員工更忙〉，《京鄉新聞》，二〇一八年一月二十四日。

#別再說：我都經歷過！——二〇一八年一月三十日

有時候也不知怎麼的，狀況不錯，能好好吃飯，如魚得水。但爲什麼昨天又這麼不舒服。我想昨天是特例，剩下的日子應該可以好好撐過去……即使孕婦徽章戴在顯眼的地方，誰也不肯讓座，在地鐵上站了一個小時，回家後地獄般的孕吐又開始了。孩子是什麼，我虛脫地躺在床上，只希望地球毀滅。

眞的很痛苦。我們約好，經歷了懷孕和生產但不會隨便就說，「我當時情況可更嚴重」、「船到橋頭自然直」、「每個媽媽都經歷過這些，忍著點」。我也會遵守約定的。

#悲慘 #害怕 #先活下去——二〇一八年二月一日

在地鐵最容易了解韓國社會如何看待孕婦。懷孕後，我在地鐵裡最常感到的情緒就是悲慘。在推特上哭訴想坐孕婦座時，我也感到悲慘。整齊地別在包包上的粉紅色孕婦徽章讓我覺得羞恥。偶爾也覺得在已經有人坐著的孕婦座前，別著孕婦徽章站一兩個小時的自己很可笑，沒必要特地演出黑色喜劇。

有人主張有孕婦時再讓出位置就好，爲了不知何時會上車的孕婦空出座位是很沒效率的，但我每天面對的這類人只會盯著智慧型手機，或緊閉雙眼。

別著孕婦徽章站在孕婦座前，我很怕遇到講話粗魯的人，怕他們說孕婦是當官的嗎，是不是要迴避之類。儘管覺得悲哀且恐懼，但實在沒有站著的力氣，我只想活下去，因此今天也站在地鐵的孕婦座前，站在無人讓座的位置前，艱辛地忍著就快溢出喉嚨的嘔吐物。

#被縝密隱蔽的故事 #懷孕憑證——二〇一八年二月二日

在公司常和很熟的男同事聊懷孕後的事。那是我打招呼的方式，也是我的日常。雖然他也是已婚男性，但不打算有小孩，因此，別說直接經歷懷孕生產了，連間接經驗都不會有，但與他交談可以得知一般人對這些事的認知。

不久前，給他看了從保健所拿到的孕婦徽章，說「現在有了這個，我就能坐孕婦座了」，他反問「孕婦要別著這個上下班嗎」。雖然在地鐵上經常看到，但他以爲那是因應讓座給孕婦的活動徽章。他說只要看到孕婦就會自動讓座，我反問他連孕婦徽章都不知道，該如何辨別孕婦，他表示都是看肚子來決定。如果不是我，他不會知道肚子不明顯的孕婦搭地鐵上下班那麼辛苦。

最近，一到晚上就嘔吐。吐了整晚，到了早上往往已經神智不清，無法正常生活，所以我經常請假，好一段時間後才在公司遇到該同事。他和我打了招呼，聽說我嘔吐且暈倒，眞替我擔心，還說幸好我沒有孕吐。他不知道我這種狀態就是孕吐。

和他聊了一會兒，越覺得疲憊且幻滅。雖然是個體貼且有愛的人，但對懷孕和生產卻一無所知，無法想像那些不如他的人之中，會有多少視我爲異類。他們因爲無知，以眼神、言語和舉動莽撞的對待孕婦。從外形判斷孕婦對沒懷孕的女性同樣無禮，別說懷孕初期外表看不出來，光是盯著他人判斷的行爲就不恰當。沒有懷孕相關知識，就不可能尊重孕婦。然而，這似乎無法歸咎於個人。

越來越清楚感受到有關懷孕和生產的故事被周密地隱蔽。二〇一六年，韓國行政自治部發表標記各地區適孕年齡女性人口數的《韓國生育地圖》，指出「我們應對日益嚴重的低出生狀態有所警覺，所有國民並應共同加以克服」。這個把女性當作嬰兒工廠的荒唐計畫，竟然不惜花費國家預算，大聲疾呼幫國家生小孩，卻沒想過實際上女性擔心的是懷孕衍生的醫藥費，原以爲國家會提供一切保障，或透過健康保險分擔。

懷孕後我才被告知進行產檢和生產的醫院可以獲得五十萬韓元的補助（國民幸福卡[11]）。十個月五十萬韓元[12]，還得經比較多家信用卡公司，並向法人申請等繁瑣程序才能取得，以至於通常收到卡片前，就已經繳了五、六萬韓元的醫療費。而且政府依據懷孕周期訂定適用健康保險的醫療項目和次數，國民幸福卡的補助款僅適用產科醫療。

Julie

事實上，懷孕期間補助五十萬是遠遠不夠的。因為我是高齡產婦，所以接受了醫院推薦的產前遺傳檢查，五十萬就這樣用完了。後續十個月的所有產檢、檢查、必要的營養劑等當然就全部自費。

ramtheriver

國家塞給我們的五十萬元，要負擔懷孕生產的醫藥費絕對不夠。光是懷孕期間定期產檢和各項檢查費用就將近五十萬，生產還要再花五十萬。我因為有早產風險，反覆住院花了一百五十萬。

匿名

我未經特殊的額外治療就生產了，但算了算懷孕生產相關醫藥費，就接近兩百萬韓元。國家慷慨給了我們的五十萬韓元，從肚子隆起的那刻起就已經沒什麼用處了。

11譯註：韓國政府提供給在韓國有正規國民保險之本國人及外國人的一種補助款，此筆補助款存於政府配合之銀行所發行的信用卡，即國民幸福卡，各銀行除了五十萬韓元的補助款之外，還有網購折扣之類的差異。此筆補助款無法領出使用，僅能用於醫院的產檢和產科醫療。（譯自網路資料）

12原註：二〇一九年起改爲六十萬韓元以上。

不需確認孕婦或胎兒的健康，假設孕婦是懷孕期間絕對不會有病痛，十個月內都能安然無恙的機器，是叫我們只要生產就好了嗎？剖腹產甚至沒有補助，只補助「自然產」。政府傳達的訊息明顯就是爲國家永續獎勵生產，至於懷孕的人則各自求生。難道不是嗎？

第7周

#咖啡 #酒 #失去幸福——二〇一八年二月五日

懷孕前，白天的咖啡，晚上的酒彷彿是我的生命泉源，盡情享受著有它們的生活。得知我懷孕，朋友最擔心的不是我因懷孕而虛弱的身體，或職涯中斷、未來難以升遷等，而是咖啡和酒，問我無法喝最喜歡的東西怎麼辦。不能再喝咖啡和酒很痛苦，我改點低咖啡因咖啡和Orzo（麥茶咖啡。烘焙麥打造出咖啡味的茶），還一一打聽喜歡的啤酒的無酒精版本。

然而，一切都徒勞無功。開始孕吐後，咖啡和酒我連想都沒再想過。即使不喝咖啡我也像攝取過多咖啡因，不喝酒也像通宵酗酒般反胃、暈眩、冒胃酸，甚至光用想的就覺得不舒服。但眞正令人難過的，不是我再也無法享受過去熱愛的咖啡和酒，而是獨留咖啡和酒的副作用成了我的日常。就像從未愛過，卻只剩下離別的痛苦，這比喻不知是否恰當？我再也想不起喜愛咖啡和酒的自己。就這樣，我又失去了一份幸福。

#墮胎權的答案——二〇一八年二月六日

懷孕前，墮胎絕非我的生活會觸及的問題。因爲有個將愛我視爲人生全部的老公和我都希望與我們的孩子一起生活。過去的想法是，即使避孕失敗也「沒什麼」，生下孩子就把他養大。和他人討論懷孕中斷權（墮胎權）時，雖會因生氣而提高音量，但女性的生育權（性與生殖健康及權利〔sexual and reproductive health and rights〕）應是女性自主權的主張，對我來說僅僅是女性運動的口號。

最近，臨睡前會與老公躺在床上討論墮胎權。夜晚很苦悶，過了十點常常噁心，反胃得厲害，不吐出來受不了。下班一回家，緊繃、忍耐了一整天的孕吐傾瀉而出。吐出來的胃酸會傷到食道，但肚子可以暫時舒服一點，我以能活下去的心情選擇了嘔吐，如果連吐都吐不出來，那天晚上就真的想死了算了。

也因此，我領悟到爲何女性該擁有墮胎權[13]，並且只有女性必須是這項權力的主體。墮胎權的答案簡單明瞭——這是我身體發生的事，開始、持續或中斷懷孕的權力完全操之在我；我的身體發生的事當然由我決定，沒有必要拿出各種證據和案例做更有力的主張並說服

13譯註：韓國直到二〇一九年四月才終結墮胎禁令，並於二〇二〇年合法化。本書寫作於這項宣布前的二〇一八年。

他人。

從沒聽過自願懷孕卻因爲懷孕期間的辛苦而中斷懷孕的「媽媽」訴說經驗。這是無法啓口的。因爲害怕沒人同情。

我對「墮胎若是罪，加害者就是國家」這句話很有感觸。這句話直指外人貿然決定了我的身體。我的痛苦只有我能感受，然而，爲何一旦選擇中斷懷孕，就被社會貼上人神共憤的「墮胎女」標籤，還觸犯了大韓民國刑法第二六九條第一項墮胎罪，受到處罰？人們似乎忘了我們也和男性一樣有工作，在社會各司其職。我們是女性，但在這個社會中，女人不是人。

如果中斷懷孕是罪，那隱匿孕婦眞實生活與痛苦、疏於孕婦相關研究、無視社會對孕婦的粗暴，甚至沒有充分提供支持她們的制度，傲慢地認爲我們的身體爲它所控制的國家就是加害者。

#懷孕初期孕婦菜單 #葉酸——二〇一八年二月七日

上班前：益生菌兩份、白菜汁一包、胃酸抑制劑一顆

在公司：豆乳兩包、白菜汁一包、小番茄十顆、櫻桃十顆、粥三分之一碗、綠色蔬菜汁一瓶

下班後：白菜汁一包、黑棗汁一杯、晚餐（主要是泡麵半包）、綜合維他命三顆

就寢前：葉酸兩顆、胃酸抑制劑一顆、鐵劑三顆

以上是我一天裡的所有食物。這不是減肥食譜。已經想不起上一次吃飯吃得津津有味是在什麼時候了。肚子即使只是短暫清空都會反胃，所以必須不停喝個豆乳或吃個蘋果，但吃了又馬上因胃酸逆流而後悔。雖是如此，也不得不吃。爲忍受反胃、擺脫便祕而掙扎，想吃的東西和能吃的東西寥寥無幾，保護胃壁和避免便祕成了我所有進食的理由。現在最想吃的只剩辛辣的麵食，但吃了胃壁會像被刮了一樣

疼痛。懷孕是便祕的開始。

對我來說，吃葉酸是最痛苦的，光是聞到味道就想吐，但非吃不可。葉酸可以預防畸形兒，因此保健所免費發放，並建議服用至第十三周。但是除了我之外，很多孕婦在攝取葉酸方面同樣遇到困難。有人說，平常吃其他東西都還好，但一吃葉酸孕吐就會變嚴重，還有人爲了尋找適合自己身體的葉酸產品，花費數十萬韓元。每天深夜痛苦的孕吐多半就是葉酸引起，以至於每當將葉酸放入口中的時刻，我都很厭世。

今天搭地鐵時，肚子很痛還反胃，小心翼翼地請求讓座。

「那個，我是剛懷孕的孕婦，覺得很不舒服，是否……」

「所以呢？」

「就是……我可以坐這個位置嗎？」

連一旁的人都盯著我的臉好一陣子，最後對方好不容易才起身。

我的勇氣，卻換到了恥辱。

Orange

完全認同。ㅠㅠ特別是穿得不「像」孕婦，或表現得不「像」孕婦，就會被盯著看，或不讓座。我曾經頂著藍綠色的頭髮，穿著印有華麗圖案的衣服，即使很不舒服也沒人讓座，還因此暈倒了。ㅠㅠ

匿名

懷孕初期，我曾向坐在孕婦座打電動的三十多歲男子說：「我很不舒服，可不可以讓我坐？」也得到座位。但這麼長的懷孕期間就只有那一次。當時那名男子旁邊好像還有他的同事，我想至少不會做出沒常識的反應，所以才敢鼓起勇氣。但之後，我往往一站就是一兩個小時，超無言……

第3個月

我的小確幸被處以死刑

第8周

#孕吐的種類——二〇一八年二月十日

孕吐也分種類的。將吃進去的東西全部吐出來的是「全吐」；肚子只要稍微空一點就想吐，必須持續進食的稱爲「吃吐」；連吞嚥口水都會反胃，所以持續分泌口水的是「口水吐」。有些人甚至只要刷牙就會噁心、嘔吐，這稱爲「漱口吐」。以上不是醫學術語，也無法涵蓋所有孕吐的特性，但孕婦會用來表達自己的症狀。孕吐的痛苦如果沒經歷過，根本無法理解，能以言語表達這樣的痛苦讓人精神大振。

Sing

我是吃吐。嗚嗚。肚子不舒服，但還是必須好好吃東西。身邊的人無法理解這種痛苦。ㅠㅠ

#對產婦來說沒有所謂的順產——二〇一八年二月十二日

懷孕前，一直持續著深蹲、弓箭步、棒式等運動，因爲我很瘦弱，若不維持肌肉，日常生活會很辛苦。懷孕後，因爲腹中那小子有「流產危險」，連簡單的伸展都被禁止。隨著胎兒逐漸長大，我可能更需要肌肉，爲了保護孩子，簡直得先殺死自己，令人感覺未來一片黑暗。

爲了「順產」，在身體沒有負擔之下，懷孕後期必須練瑜伽，做運動，特別是訓練大腿內側肌肉及核心肌群。我的身體自懷孕初期就開始變差，到時候該怎麼運動和鍛鍊？如果無法「自然產」，孕婦又會被責怪。懷孕和生產是如此自相矛盾。

事實上，對孕婦來說沒有「順產」這回事，充其量只是希望生完孩子後也能平安無事地活下去。孕婦必須在所有器官受壓迫、會陰撕裂的狀態下才能生下小孩，哪來順產。他人所謂的順產既無知且傲慢。就好像最愛的家人去世了，傷心得淚流滿面之際，卻聽到有人說是「喜喪」，這樣的人還要繼續保持關係嗎？如同在我家人的死亡面前不能說「喜喪之喜」，我的生產也不該有人說「順產之順」。

即使「看似」毫無問題，平安生下孩子的女性有時仍會哭訴整個過程宛如戰爭，其實一點也不平順，但只要喊痛，就會被「懷孕了不起啊」、「別人都挺過來了，不需要大驚小怪」這類的話打斷。

Matrenindvor

我是懷孕三十二周的孕婦。沒一件事順心的。胎教和運動也得我先活下來才能吧，不然根本是開玩笑。ㄎㄎ。懷孕的頭五個月，因為孕吐，無力＋嘔吐，只能躺著；之後五個月，因為有早產跡象，也只能躺著，全身肌肉只剩下上推特需要的手指。原本希望到可以無痛分娩的醫院，卻因為緊急早產（懷孕中期後面臨早產的狀態）到大學附設醫院長期住院，無痛分娩就別提了，當時只能由醫院判斷進行陰道生產或剖腹產。說孕婦有得選擇真的很可笑。

#孕吐的巔峰 #他人的嫌惡——二〇一八年二月十三日

孕吐的巔峰在懷孕第八周。無論吃不吃，胃酸都會湧上喉嚨。爲腹痛而苦，卻沒有可以安心吃下的藥，一直委靡不振。

上班時，一到午餐時間就很不安，餐廳飄出的食物氣味會讓我反胃，所以不是從家裡帶便當，就是在休息室度過，周圍的人很奇怪，對這樣的我投以嫌惡的眼光。因爲孕吐，就被視爲異類嗎？因爲懷孕不太能配合團體生活就這麼討人厭嗎？雖然有點想太多了，但上司和同事的眼神以及帶刺的話，確實讓我有這種感覺。也許他們覺得雖然我不像無病無痛的人那樣健康，但看著比他們年輕的我縮著身體說不舒服，還是挺不爽的。

今天又因爲孕吐而疲憊，午餐時間便在休息室休息，爸爸突然打來電話。我不想妨礙休息，所以沒接，等到回辦公室才回電。爸爸問我爲什麼不接電話，我回答因爲身體不舒服在休息，於是爸爸說了常對我說的話。

「不要說不舒服，別人不喜歡聽。不舒服也要忍耐。」

爸爸說媽媽在懷我時孕吐也很嚴重，一聞到食物就嘔吐，當初也是覺得奇怪就醫才發現懷孕了。我出生時是健康寶寶，但媽媽卻是歷經生死關頭才生下我。

「妳媽媽原本都很健康，但自從確認懷孕的那一刻起，不知為何就開始不舒服了。真的很奇怪。」

我如果因為孕吐而不舒服，媽媽可能會認為是她遺傳給我才這樣，也可能覺得對不起我，爸爸卻是諷刺我和媽媽很像，都在裝病或小題大作。

爸爸的話也許有部分是對的，說懷孕「很不舒服」、「很辛苦」，確實會讓有些人嫌惡，但認為要承受、要忍耐這點就錯了。說出來雖然會被討厭，但不該獨自承擔，因此我會繼續訴說。我要揭露這些人的嘴臉，更要揭穿沒有同理心的社會。希望等我孩子長大時，這個社會已經變得更成熟。

#沒有小確幸的日子——二〇一八年二月十四日

我認爲，充實的生活與其說是由了不起的活動或美麗無比的事物堆砌而成，不如說是妝點日常生活的小幸福所帶來的小滿足。期待下班的理由，不就是爲了趕快回家和老公一起料理、享用，同時聊聊一整天裡的瑣碎小事？之所以會這麼說，是因爲我現在沒有這種幸福。

我什麼都不想吃，即使想到某種食材，看到某個食譜，瀏覽某美食餐廳的介紹，也沒有食欲，反而只想吐。懷孕前喜歡的食物也是。

有人說沒有想吃的東西等同被判死刑，沒有想吃、想做的菜，我有一種被懷孕這個怪物奪走創造力的感覺。一向組合不同食材，做出不錯的味道，總會對自己的料理實力感到驕傲，但現在，這些都失去了。一下子失去了喜歡和擅長的事物，確實同被判死刑無異。我的小確幸被判死刑了。

#意想不到的攻擊——二〇一八年二月十五日

終於到了連假，因爲身體不舒服，打算哪裡也不去，和老公待在家休息。好不容易迎來的餘裕，我想整理一下很久沒修剪的頭髮。設計師問我連假怎麼沒出去玩，我回答因爲孕吐，只想和老公在家休息，他先是訝異，因爲我看起來像學生，還問我是不是新婚，接著爲孕吐不出遊似乎也讓他很不解。

我只不過是花錢到美髮沙龍剪個頭髮，卻遭受意外的攻擊，很不開心。設計師不斷嘮叨，說她懷第二個孩子時也孕吐了很長一段時間，但還是得同時背著不滿周歲的另一個孩子煎煎餅、照顧生病的公公，又說她嫂嫂懷孕時，逢年過節都不露臉，所以惹得婆家長輩都不高興，說現在的年輕人越來越自我中心、很自私等等，一邊詆毀自己的嫂嫂。這位設計師到底把我當成什麼了。

結束令人不快的剪髮後，設計師說一萬五千韓元的費用算我一萬元就好。這又算什麼……要我付兩萬元也行，我只想在把長得年輕單純的孕婦也當成人的地方剪頭髮。

第9周

#懷孕媳婦的痛苦——二〇一八年二月十九日

能安心休息的年假結束了，上班後，同事問我：「赫娜，春節在婆家應該很辛苦吧？」

還沒等我回答，同事就各自罵起自己討厭的懷孕親戚。

「我弟妹啊，懷第二胎就不來一起過年了。我可是懷孕兩個月還回去煎煎餅和做家事耶。」

「我姪媳婦啊，在婆家長輩都在的時候，推說懷孕不舒服，就在房間躺著。」

我朝著想聽到我懷著身孕辛苦地忍受婆家生活、痛苦地準備過年的同事，無比痛快的回答：「我公公婆婆叫我不用回婆家，在家休息就好，所以過年就我和老公兩個人在家。」

那麼期待懷孕女同事的年節慘事，就該知道羞恥，看著這些期待他們「驕傲自大」的親戚沒得到的痛苦發生在我身上，因而落空、尷尬的臉，衷心希望他們覺得羞恥。

#睡眠是人權——二〇一八年二月二十一日

想睡個好覺，因爲荷爾蒙作祟，白天打瞌睡，晚上卻失眠睡不著。變大的子宮壓迫膀胱，通常睡著後還要醒來上一兩次廁所，而上完廁所卻無法再入睡。昨天，因爲肚子很不舒服，所以喝了一瓶碳酸水才睡覺，一個晚上就上了五次廁所。夜間頻尿常讓我感覺自主權受損，但誰能補償與療癒呢？

睡眠是人權。當然，並不是有人剝奪了我的睡眠權，但忍受失眠的確很吃力，沒有人能幫我，也沒有任何提供協助的制度和方法。懷孕就是這樣。

> Romance
> 我晚上真的很常夜尿……每次醒來都只能嘆氣。

#老婆的懷孕 #老公的升遷被排除——二〇一八年二月二十三日

老公在同期進公司的人當中，唯一被排除在升遷之外。包括前輩們，大家都覺這次的人事十分奇怪，老公的能力一向受公司肯定，紛紛推測是不是因爲妻子懷孕的關係。自從我懷孕後，老公每逢公司晚餐聚會，總是表示妻子懷孕不舒服，所以無法參加，也總是下班時間一到就回家，甚至和上司表達往後的連續出差會有困難。此後，老公就被排除在升遷名單之外，也常臨時接到出差外地的命令。

獨自承受身體疼痛很辛苦，因此老公出差不在的夜晚，我往往會大哭，但老公還是必須留下妻子，背起行囊獨自出發。這不是要大家同情我老公，而是想表達這個國家視懷孕爲何物？這個國家的人希望女性多生小孩，但換成是自己的同事或下屬生小孩又嫌麻煩。

認爲懷孕沒什麼大不了的同事，會覺得老公這是推諉業務，提早下班的人；在上司眼裡，老公則成了不認眞工作的下屬，他們希望的是，就算你妻子懷孕，受苦受累，也要照常聚餐、加班、出差。

懷孕眞的是非常可悲的事。本來以爲老公升遷後，可以對我們家的經濟有所幫助，現在該怎麼辦呢？孩子出生後不知該怎麼過。

匿名

我在懷孕及育嬰期，幾乎每天和老公重複這樣的對話：「早點回來啊」、「抱歉沒辦法早點回去，多體諒我吧」。過了十年，不知幸還是不幸，老公昨天升上主管了。擔任主管的話，他會更晚回家，與家人在一起的時間也會減少，還會和我發生衝突。想升遷就得拋棄家人（諷刺的是，卻又以為了家人的名義合理化）。會說妻子懷孕與他的升遷無關的人，要不是在知名企業上班，不然就是讓懷孕妻子孤獨和痛苦的人。雖然獨自一人度過懷孕及育嬰期很辛苦，但一邊抱怨老公，一邊心裡也難免自責「老公也沒辦法，自己要忍著點」、「是我太過分了嗎」。不過就是得抱怨、發火，才能從公司那裡爭到老公，這也是一件很心累的事情。

第10周

#產檢 #產前遺傳診斷——二〇一八年二月二十四日

今天付了七萬八千三百韓元的婦產科醫療費。醫院表示懷孕初期須每兩周看診一次，但在懷孕十三周內，健康保險僅給付兩次超音波檢查費用。做了幾項超音波檢查和血液檢查後，發現醫療費一下子調漲了許多。爲了減少費用，我還請了年假去保健所產檢，但涵蓋的項目實在太少了，沒有太大幫助（不同地區保健所的政策不同，有的保健所免費提供四十多項產前檢查，我們這一區的保健所只能提供基本的七個項目）。國家補助的五十萬韓元懷孕生產費用，今天就用掉了五分之一。

下次的定期檢查預定做產前遺傳診斷，醫院告知我須從「唐氏症四聯篩檢方式（Quad Test）」及「合併式篩檢方式（Integrated Test）」中擇一。唐氏症四聯篩檢方式的畸形兒篩檢率是百分之七十五，合併式篩檢方式則爲百分之九十五，醫院建議做合併式篩檢，但我預約了唐氏症四聯篩檢。健康保險給付唐氏症四聯篩檢，我只要再付一、兩萬韓元就能檢查，合併式篩檢非健保給付項目，因此得再加五萬韓元。

對於我選擇唐氏症四聯篩檢，護士似乎很訝異，一再確認：「可是合併式篩檢的畸形兒檢出率是百分之九十五喔。」

如果藉合併式篩檢中及早驗出畸形兒，或許還能選擇後續的治療方式或者墮胎，但眼前的檢查費已經是個負擔，所以沒和老公商量，就當場決定了。

在保健所接受的產檢，猶如往返的計程車費般微不足道，幾乎沒什麼幫助。

#一邊念博士一邊懷孕——二〇一八年二月二十五日

讀碩士時，由於指導教授的壓力，我的體重一度掉了十公斤。教授沒日沒夜地打電話，下達工作指令，督促成果，做不好，還會從能力到外貌，批得體無完膚，當然無法消化吃進去的東西。連共同指導的教授看在眼裡，都問我指導教授是不是對學生太苛刻了，那時正想收我念博士的他還說：「妳瘦了嗎？那就在我門下念博士吧。一邊念博士一邊懷孕啊。懷孕就會變胖，能變胖又能念博士，多好啊。」

光是懷孕就難以維持生活的現在，我常常想到他。難道他妻子也是因此生了三個孩子的嗎……

#最討厭的話 #奇怪的話——二〇一八年二月二十六日

今天又聽到討厭的話。

「赫娜的情況好像比一般人還嚴重。」

不是這樣！！！！

不是這樣！！！！！！！

不是這樣！！！！！！！！！！

雖然常常覺得疲倦，每天嚴重反胃，肚子也不舒服，但嘔吐只是偶爾，也能好好刷牙，因此咬著牙撐過來了，所以聽到這樣的話，都快氣瘋了。在公司，我沒讓任何人看到自己抱著馬桶吐，也沒有因爲不舒服而要求減少工作量，爲了完成分內的工作默默奮鬥，別人卻還說我孕吐特別嚴重，實在非常難過且憤怒。

公司要求孕婦要像沒懷孕般工作，即使孕吐也不能脫離團體生活，並且要拿出與沒懷孕員工一樣的成果，這不就等於讓公司知道懷孕了就得滾蛋嗎？

#下腹疼痛 #懷孕中的腹痛——二〇一八年二月二十八日

透過驗孕棒確認了懷孕，卻在超音波中看不到任何東西的懷孕初期，就出現了鼠蹊部和下腹劇痛。腹痛，加上害怕子宮外孕或自然流產，讓人很痛苦。確定受精卵在子宮正常著床後，腹痛也是自然疼痛，我告訴自己要忍耐，只是昨晚眞的很難受。躺在床上，腹部痛如刀割，徹夜呻吟。但比起疼痛，更恐懼的是孩子是否出問題。

雖然尚不知道長相的孩子不比我重要，但孩子若死在我體內實在太可怕了。肚子太痛了，就只能這樣痛著，沒有任何對策，很無力。若陰道有出血現象，即使凌晨我也會馬上就醫，但並非這樣的狀況，所以打算早上再去醫院，還好後來比較可以忍受了。

我知道懷孕初期會因爲子宮變大而下腹痛，但我在初期沒有太大的疼痛，過得還算不錯，但進入懷孕中期的現在卻很痛，很難受，也讓我對自己的身體很生氣。老公又到外地出差了，沒人照顧我，我只好收拾行李，暫時到雙親[14]家裡住。昨晚和媽媽同房睡，但整晚翻來覆去，因疼痛而呻吟，媽媽擔心我，不安得一刻也無法休息。每次我不舒服，媽媽總是責怪她自己，我決定明天開始自己睡。

孕期腹痛的痛苦不同於月經痛，身體宛如要碎裂開來，對孩子的擔心也隨之而至，精神幾乎隨時會崩潰。爲了尋找痛苦的原因，我想了許多方法，但最終還是礙於醫療費而猶豫不決。是不是子宮肌瘤變大了？還是因爲要流產了？或其他原因？每次滿懷擔憂地就了醫，主治醫生總說只因爲子宮變大，所以會痛，而且一副這沒什麼大不了的

14原註：本書以有養育者之意，並具備性中立的單字「雙親」代替「父母」或「母父」。

樣子。如果這次他還是那樣說，我該怎麼辦？光是做個超音波檢查，五萬韓元就一下子不見了。今天也是獨自奮鬥，卻因爲不安產生挫折感，覺得自己什麼都做不好。

下班後肚子又開始痛了，太痛了，我雙手抱著肚子回到家，喊著：「肚子，肚子好痛！」不料，坐在沙發上看電視的爸爸卻說：「忍耐點。懷孕本來就是會不舒服，一直喊痛難道就會比較不痛嗎？只會讓人覺得吵。」

因爲太生氣了，我用力掐了爸爸的胳膊。

「哎喲！！！」

「叫聲哎喲就會比較不痛嗎？好吵。」

如果對懷孕女兒的痛苦無法共鳴，就該努力體會。幾天前，給爸爸看孩子在腹中扭動的超音波影像，他說：「太感動了，眼淚都流下來了。」藉由我的痛苦擁有了感動，卻希望我安靜地獨自承受痛苦。

不只爸爸，推特上也有許多讀了我日記的人，說我太奇怪、很噁心，也常常看到嘲笑我的懷孕或慫恿我墮胎的文章。有人說，這麼辛苦懷孕生下孩子，也無法獲得幸福，只是扮演了守護父權的角色。我想透過我的日記說些話。如果想讓懷孕成爲女性眞正的選擇，就應提供女性懷孕生產相關的詳細資訊，如果無法體驗懷孕，也應努力了解相關知識並發揮同理心。我的日記既是爲了自己的記錄，也是爲了揭露孕婦在如此缺乏社會關懷和制度的環境中，過著什麼樣的生活。

在家父長制的社會裡，主張不婚和不生有其顯著的意義，儘管如此，世界上仍有人願意生育，而懷孕和生育不應繼續是女性自己的痛苦。不婚、不生，或是結婚、生育，無論選擇了哪一個，我都希望女性能做一切自己想做的事，同時也都能幸福生活，我夢想著這樣的女性解放日。我是愛老公，想生小孩，同時又希望能享受自身幸福的女性主義者。

第11周

#濕掉的內褲 #流產的恐懼——二〇一八年三月三日

以前接近月經周期，內褲如果在家裡以外的其他地方濕掉了，就會有巨大的恐懼湧起，「側漏了嗎」。非經期時，內褲濕了更會讓我害怕，「周期亂掉了嗎？不正常出血嗎？」

懷孕後，內褲一濕，我則會非常緊張。因爲即使只沾了一點血，仍可能是流產。今天出門後，由於下半身濕漉漉的，我慌張地衝回家。

呼，還好。只是陰道分泌物。

懷孕後的陰道常有大量分泌物，我常想這眞的是陰道分泌物嗎？即使使用月亮杯，也是幾小時就滿。很多女性可能都有同感，陰道分泌物除了做愛時，其他時間都很惹人厭。聽說懷孕中期以後，很多人每天都要換好幾次內褲，一想到之後自己也可能這樣，就覺得煩。

雖然這算是常識，但每天上班的孕婦該怎麼辦？儘管我是月亮杯傳教士，但要在公司清空月亮杯確實不容易，因此上班時我用的是棉條。現在居然因爲陰道分泌物要換內褲，實在太可怕了。即使不是爲了孕婦，我也希望能爲陰道分泌物較多、生殖器潮濕的女性開發並普及各種內褲。

Romance

這感覺，我很了解。ㅠㅠ我是懷孕後，分泌物大幅變少的那一種……有時如果突然大量分泌，我就會想：「是羊水破了嗎？還是出血？」並且馬上確認。ㅠㅠ懷孕真的是有症狀擔心，沒症狀也擔心，無時無刻無不憂心忡忡。

Growupspring

我是懷孕中期以後，就沒辦法穿能遮住肚子的孕婦內褲。在體溫升高的情況下，內褲將肚子蓋住，實在太熱了……所以直到臨盆我都穿優衣褲的包臀褲。過了中期，我的分泌物反而減少了。每個人的分泌物都不一樣。

#糖 #妊娠糖尿病——二〇一八年三月五日

希望孕吐快點結束。每次想到食物都很痛苦。一想到食物就噁心、乾嘔。據說，「全吐」的人連食物都沒辦法吃，吃了就會直接吐出來。我是吃的時候不會吐，可以順利吃東西的類型，但吃了之後上腹會特別痛，往往幾個小時無法伸直腰。不吃會反胃，吃了又會腸胃痛，這樣的無力感讓生活更辛苦。

最近，只要稍微過勞，就會像被火箭砲擊中胸口般，整個身體都被打穿了，所有能量以及「我」整個人都流失了。這時候，如由食道送入一點東西，這個窟窿將暫時得到彌補；如果沒有，就會出現更大的窟窿。孕吐就是這麼痛苦。

我現在每天都會吃一點糖。就在食物通過食道的那一刻，會再次噁心孕吐，因此常在嘴裡找到方才吃下去的糖果。有些人會多管閒事，說孕婦只吃糖對身體不好，說糖吃多了會得妊娠糖尿病，說孕婦的牙齒也會因此蛀爛等閒話[15]。懷孕的女性即使肉體上很痛苦，卻也很難將肚子裡的嬰兒與自己分開來思考。即使自尊心受到傷害，仍同

15原註：原文爲고나리，韓國網路用詞，意指管東管西過度干涉。

時擔心著孩子。這些美其名「爲孕婦著想」的多管閒事，不僅大都毫無意義，也很邪惡。

今天在地鐵裡經歷了一件可笑的事。下班時特別累，這幾天需要完成的工作太多，身體好像再也支撐不了了，只能勉強做完，直接下班。拖著彷彿馬上要倒下的身體，殭屍般地搭上地鐵。

我連開口說話的力氣和精神都沒有，拍了拍坐在孕婦座上的年輕男子，指著地板上的粉紅色貼條。雖然可能有些無禮，卻是我鼓起勇氣、保護自己的行動。對方看到我的孕婦徽章，驚慌地起身，馬上讓座給我。但就在我向他點頭道謝之際，坐在他旁邊的另一個男人迅速移動到我正準備坐下的孕婦座上。看到那光景，讓座的男子笑開了。我再次拍了拍坐在孕婦座上的男子，他看到我的孕婦徽章也嚇了一跳，像彈簧般跳回原本的位置。地鐵兩端的座位是有那麼好嗎？這樣的經歷不輸喜劇題材。眞是非常辛苦的一天。

Babywillowcat

妳的症狀和我一模一樣，我有同病相憐的感覺。光是想像食物就會想吐，但不吃東西又更難受，所以還是得吃，不過光是想菜單就很煩。TT吃得好痛苦，很希望能有一吃下就會飽的藥片之類的。

Zizisky

特別是「吃那麼多對胎兒不好」這樣的話……不考慮孕婦自己的健康，只想著胎兒，真的很煩。我想吃東西，但不知道會不會因此不舒服，還要聽別人說這種話，真的超火大。TT我也想靠吃糖果過活啊。

Bomborobom

妊娠糖尿病似乎就是腹部不舒服。我也患有妊娠糖尿病。我覺得太難受，所以去找了妊娠糖尿病檢查手記，但裡面沒有解方，倒是有很多教誨。

#十二周的奇蹟——二〇一八年三月七日

今天早上因爲要吃胃腸藥，所以喝了水，幾分鐘後便直接吐了。這是第一次沒有異物只吐出水，所以感受到新的痛苦。孕吐的孕婦都會期待意味著孕吐消失的「十二周奇蹟」。我也希望「十二周奇蹟」降臨到我身上，等待孕吐徹底消失。

#搭地鐵 #透明人——二〇一八年三月九日

我對坐在地鐵孕婦座上的非孕婦，表明我是懷孕初期的孕婦並請對方讓座，經歷了一些怪事。談到怪事，在我還未說出性別時，一般人往往會猜測對方是男性，單單理所當然認爲對方是男性這件事就很有趣。但如果他們眞的很常看到男性坐在孕婦座上，且日常生活中常遇到對女性無禮的男性，會這樣想也並非沒道理。

然而，我的地鐵故事裡的主角大都是中年女性。因爲我通常只敢站在中年女性坐的孕婦座前。該怎麼說呢，站在男性面前，需要很大的勇氣。也就是說，男性甚至無法成爲我要求讓座的對象。根據我的經驗，孕婦座上有很高機率坐的是中年或老年男性，但如果別著孕婦徽章站到他們前面，或表明自己是孕婦，感覺會被他們用登山杖、手、眼神或粗話攻擊。所以，會讓座以及毫不體恤地辱罵我的人，大部分是女性。當然，沒有女性會覺得這是女人間的戰爭，也只有男性不了解，孕婦座是孕婦不需付出代價、與生俱來的性別權力。

今天站在坐在孕婦座的年輕男子面前，一旁的中年女子對著孕婦座上的年輕男子說：「沒看到那個粉紅色徽章嗎？快點站起來啊。」

那名男子可能是她的兒子。一開始，他雖然看到我的徽章，但只是慢慢的把眼睛閉起來。推測是媽媽的中年女性，像教導小孩般告誡男子孕婦座和孕婦的存在，不知爲何讓我覺得有些違和感，甚至懷疑男子是不是有殘疾。他聽到中年女子的話，馬上從座位上站起來，卻字字清晰地說：「懷孕初期就能拿到孕婦徽章嗎？我看妳也不太像懷孕的樣子，一定要讓座嗎？」

戴孕婦徽章搭地鐵，我常常像個透明人。他們眞的看不到我嗎？當事人就站在眼前望著你，你怎麼還能如此肆無忌憚地說出這些話？

他完全不了解懷孕初期，流產的風險很大，也會因爲嚴重孕吐而非常不舒服，但我連輕蔑他無知的餘裕也沒有，他不把我當人看的態度頓時把我嚇呆了。懷孕，好難。

第4個月

不斷受挫的菜鳥孕婦

第12周

#無力的身體 #沒有選擇權——二〇一八年三月十三日

懷孕後，我常常感到無力。身體是我的，卻似乎不再受我控制。雖然是發生在我身上的事，但從吃喝這類小事到日常生活，再到生產方法的選擇，我似乎都沒有主權，反而是整個社會都可以主張我的身體。

#自然產？ #陰道生產——二〇一八年三月十四日

不久前，我以爲「十二周的奇蹟」已經到來，所以很興奮，後來發現似乎只有那天狀況不錯。孕吐仍未結束。看到懷孕的我在吃東西，旁人總問：「這樣沒關係嗎？」我則回答：「就算會吐也要先爲活下去吃東西。」

今天也艱辛地喝完一包豆乳。

不經思考就脫口而出的人眞的很多，雖然對他們來說只是一句話。我遇到不少這樣的人。有些對孕吐嚴重的我說，有人直到臨盆了都還在吐；也有人自以爲好心地告訴我，身體健康的話也許會好一點。我認爲這完全取決於他們的思維水平。

不管是熟識或素昧平生的人，往往都喜歡過問我瘦弱的身體，再加上是孕婦，更是自以爲理所當然地評論，從「肚子比啤酒肚還小呢」、「骨盆小，生孩子會很困難」等等。甚至有關「自然產」的干涉。他們會問：「身體都這樣了，還要自然產嗎？」或告訴我寶寶要「自然產」才能接觸到陰道裡的好菌，出生後才會更健康，還有，透過「自然產」讓嬰兒經歷痛苦，孩子才能開始學習克服困難，甚至有人說，如果媽媽沒照顧好自己以至於不能「自然產」，將終身愧對於孩子。

同理，就有人說，剖腹產的孩子不是自己使力推頭出生，而是靠著醫護人員的幫助，所以長大後也會軟弱、沒毅力。縱使當著剖腹產下嬰兒的女性，這些人一樣大言不慚。女人們則分「自然產」和剖腹產兩派，並爲兩者的母愛打分數。以男性爲中心的社會創造的「自然產」崇拜，就這樣慢慢扼殺了孕婦們，連帶的抹殺了我對自己身體的權力。

單單「自然產」這個辭也讓人有負擔。人們崇拜「天然的尙好」，是不是這樣的風氣也使孕婦的選擇權受限，剖腹產也被視爲「更沒有母愛」呢？我認爲應該普及更客觀的「陰道生產（Vaginal delivery）」一詞。

一想到肚子明顯後，人們會把我的肚子當公共財般觸摸，就感到害怕。

#如同戰爭的上下班 #需要制度——二〇一八年三月十六日

地鐵對孕婦來說，是個疲於應付的地方。特別是面對有人坐著孕婦座時，簡直像一場戰爭。與人面對面本身就很消耗能量。地鐵裡遇到的人常常出言輕率且無禮。

「妳看起來還是個小姐，怎麼別孕婦徽章呢？」

「妳好像還是學生，怎麼已經懷孕了呢？」

「妳的臉看起來還是小孩子啊，難道是小媽媽嗎？一直盯著我看，難道我臉上沾了什麼東西嗎？」

「我沒多想就坐下了，明明坐得好好的。」

（看著站在孕婦座前的我）「看什麼看？想怎樣？」

這些人甚至都不說敬語。就這樣，我天天遇見怪人，天天受辱。而如果在推特上寫下自己在地鐵的這些經歷，就會有人留言質疑我在寫小說並非事實，或認爲我說的「韓男」只是假想的「韓男」。就算我把日常生活視爲小說也是一種權利。他們無法想像孕婦實際經歷的事，可能只有重新投胎爲孕婦才能了解。

一位之前曾目睹我在孕婦座前受辱的人（總是在同一時間搭同一列車，常常會遇到），再次看到同樣情況時，攔住了打算坐孕婦座的同伴，並叫我坐下。今天他看到我，也請孕婦座上的人讓座，我向他點頭致謝。

眞的非常感謝他，幫我揮去了本該由我承受的眼神和情緒攻擊。當初我受侮辱時，也聽到他和同行者說雖然是第一次看到孕婦徽章，但這種情況一定得讓座。從此他意識到了孕婦的存在，並持續給予幫助。

即使懷孕前，對身爲女性的我來說，地鐵就已經是個令人恐懼和緊張的空間，成爲孕婦後，它更加深了我對人的不信任和憎恨，也收起了對社會關懷和同理心的期待，以至於偶爾遇到善心人士，就會非常感動。

我認爲單靠個人的善意無法彌補社會的不足。良善的個人無法完備社會，且遲早會疲憊。今天遇到善良的人，但這個人無法保障我的明天。能提供弱勢群體一個安全社會的不是少數的善心人士，而是細緻且系統化的制度。

我決定不再被讓座孕婦座時說謝謝。這些人直盯著戴孕婦徽章的我，看著我孩子氣的臉和瘦瘦的身體，往往會酸上一兩句。微笑說謝謝也是很費力的，何況我一點也不感謝他們。我討厭上下班的路上。

第13周

#第一次產前遺傳診斷 #缺乏資訊——二〇一八年三月十八日

第一次產前遺傳診斷順利結束了。醫生表示，有百分之四十的機率可確認是否爲畸形兒。本來想泰然處之，但從預約檢查那天，直到躺在檢查台上、接受檢查，我都很緊張，害怕孩子是否有什麼異常，收到檢查結果才鬆了一口氣。不過，百分之六十還是未知的，而且眞有了異常，我還能怎麼辦？依然緊張。

孕婦依據產檢程序、周數，懷著忐忑不安的心情接受產前遺傳檢查，因爲胎兒被診斷出有異常的機率不低，何況這還是以百分之四十檢出率的檢查來看。而胎兒一旦被驗出可能有異常，醫院就會要求支付更多檢查費，以便進一步精密的檢查。直到確切結果出來爲止，孕婦都必須與各種擔憂和恐懼戰鬥。不禁要想，將孕婦歸類爲具有醫療風險的患者，任何微小發現也要進行病理學診斷，加重孕婦不安的這整個懷孕生育過程是否正確？也就是說，懷孕本身已經很艱辛、痛苦了，提供孕婦的合適醫療處置卻顯然不足，使得她們容易被歸類爲有醫療風險的群體，被要求接受過度的檢查。

懷孕生產群組中，許多人留言發問是否一定要做這些高額的檢查，收到「發現異常」的檢查結果是否眞代表「有異常」。這是對醫護人員的不信任，她們質疑院方是在威脅她們做不必要的昂貴檢查，然而，除了醫生的見解外，沒有其他可依靠，害怕之下又只好接受檢查。我認爲問題的根源在於懷孕當事人缺乏資訊，以及孕婦和醫護人員之間互信不足。懷孕生產是人類長期經歷的自然現象，但當事人卻離這些資訊如此遙遠。

Lolita

我們這區的第二次產前遺傳檢查是由保健所免費提供。我問老公，有關醫院和保健所的差異，他說反正國家有補助，叫我去醫院……我後來選擇去保健所接受了免費檢查，但難免擔心為了錢就這樣接受免費檢查是不是太隨便了。越到懷孕後期，越覺得受到限制和阻礙，很多事情自己都沒得選擇。據我所知，三聯篩檢是基本的，但醫院檢查增加了一項變成四聯篩檢。如果接受四聯篩檢，費用會低於五萬韓元。合併式篩檢則要價十萬韓元左右……還有NIPT（非侵入性胎兒染色體檢測）要三十萬韓元以上，羊水檢查甚至要一百萬韓元。

Sing

我覺得一系列的產前遺傳檢查非常可笑。雖然有利用孕婦不安賺錢的高額檢查，但也有藉由這些檢查得到幫助的案例，所以這些檢查還是很難避免。但即使知道腹中胎兒是畸形兒，孕婦多半也無法果斷地決定處置。ㅠㅠ我之前做人工懷孕，老公的正常精子只有百分之一，因此儘管第一次產前遺傳檢查發現胎兒頸部透明帶只有一公釐厚（測量胎兒頸部厚度檢查是否罹患唐氏症。標準是三公釐以下），醫院仍建議做羊水檢查或NIFTY（NIPT的一種）。因為這件事，讓我對醫院的好感一下子下降了許多。呵呵

Bomborobom

我甚至接受了智能發展遲緩檢查。這在醫院雖然是自費，卻是最多人接受的檢查。畸形兒檢查要等到第二次產檢，所以我的不安似乎沒有盡頭。但我懷孕期間最大的目標就是「與其感到不安，不如接受檢查」。我們夫妻兩人還打了百日咳預防針。

#孕期荷爾蒙 #工作量——二〇一八年三月二十日

懷孕十三周了。雖然進入懷孕中期，吃東西仍是很吃力，強忍著像是就要湧出的嘔吐，勉強撐過每一天。可以使用到懷孕十二周的工時縮短已經結束了，下班回到家，感覺快要累垮了。即使有點晚，我也希望能迎來孕吐結束的奇蹟。

縮短工時期間，工作更緊迫，工作量未減少，從上班到下班都沒休息，一直工作。縱然因爲孕期荷爾蒙又睏又累，但工作很多，往往連暫時休息的片刻都沒有。我似乎也逐漸習慣這種工作模式。縮短工時結束後的某天，我仍像那段期間一樣從早就馬不停蹄地處理業務，到下午四點左右，就把要做的事情都完成了，上司對接下來不知要做什麼而有些不知所措的我說：「赫娜啊，妳現在看起來很好，我就再多給妳一些工作吧。」

大眾的知識水準無法超越制度。人們因爲規定不得不付出關懷。

與其說「付出關懷」，不如說是爲了避免法律制裁和社會譴責不得不遵守。保護期限一到，人們彷彿期待很久了變得更嚴苛，似乎一點也不想知道我爲何受到保護。

#生產的主體 #自我決定權——二〇一八年三月二十一日

剖腹產的故事之後，經常收到經歷過剖腹產的女性，或透過剖腹產出生的孩子的留言。留言中，有人在風氣的壓迫下，勉強進行陰道生產，最終卻仍動用了剖腹手術，周遭的人完全不關心孕婦健康，只會事不關己地淨說些讓產婦有罪惡感的話。有的孕婦自身就是因爲臍帶纏繞或胎位不正剖腹產出生的，長大後健康不佳，以至於生產時即使過度勞累仍堅持自然產，而這些孕婦的媽媽也因此愧疚不已。這都是第三者藉由目光一再殺死孕婦，眞正生產的主體卻無法發聲的故事。

醫院會建議剖腹產的情況，通常都十分特殊，包括產前檢查中嬰兒過大、胎位不正或臍帶纏繞，或是產婦的體質或狀況不宜進行陰道生產。這時，孕婦會與醫生一起提前計畫生產手術。嘗試陰道生產後，如果長時間陣痛仍然毫無生產跡象，或是陣痛時才發現之前沒檢查到的不利條件，即使已經歷陣痛，仍會進行剖腹產。正因為如此，指責「無法陰道生產」的孕婦顯得無知且殘酷。

但必須進一步了解生產主體的，我認為不是家人，也不是社會，更不是路人甲乙，而是產婦。即使不得不進行剖腹產的產婦，作為生產主體，也應具備足夠的生產方式知識，並自行做出決定。談及剖腹產女性，若只強調狀況危急無可避免，那麼陰道生產沒問題的女性選擇了剖腹產，就會被認為違背了社會所要求的母愛。女性之所以選擇剖腹產，可能是因為不喜歡陣痛的痛苦，或是因為陰道生產後無法恢復的體型，無論出於何種理由，發生在女性身體上的事都應該由女性選擇。女性的身體是女性的，而非社會所有。決定發生在身上的事，只要當事人自己和正確的資訊就夠了。

如果說陰道生產的疼痛是在陣痛和生產的瞬間一次付清，那剖腹產的疼痛就是從麻醉甦醒後開始分期付款般持續。有人認爲必須經歷宛如死亡的痛苦才算生小孩，自私地批判希望無痛分娩的女性，不僅沒水準，更令人生氣，事實上無論哪種方式的生產都不會舒適。

女性對身體的自決是人類的基本權利，選擇生產方式也一樣。但不考慮孩子的健康或未來，只想著自己，卻往往會被人視爲冷血媽媽，眞的很奇怪。女性沒有身體的自決權已經很詭異了，若再加上腹中胎兒的負擔，作爲身體主人的女性，她們的聲音勢必更像空中的塵埃般被忽視，有關自決權的必要資訊會被隱藏，干涉女性權利的聲音則被放大。

第14周

#懷孕中期 #孕吐結束——二〇一八年三月二十六日

身體眞是神奇。懷孕過的前輩說，進入懷孕中期會像被施魔法般，胃口神奇地恢復了。空腹不會反胃，食物不再有異味，吃東西也不吐了，同時還產生了氣力。

不過，孕吐問題穩定下來，其他問題卻開始浮現。不知懷孕中期後還會多坎坷。

#就是要穿顯肚子的衣服——二〇一八年三月二十八日

肚子開始慢慢鼓起來，能穿的衣服變少了。周末聚會，天氣變暖，沒有適合的衣服，只好借寬鬆的媽媽裝來穿。現在感覺還是有點涼，我想穿褲子上班，但扣子扣不起來，舊的鬆緊褲也緊了，上衣也是勉強找到寬鬆的。

胎兒在肚子裡成長，肚子當然會變大，貼身的衣服會顯肚子，以前的衣服已經無法穿了。找遍孕婦裝，大都是不顯肚子的寬鬆款。是因爲對孕婦的偏見和讓孕婦不舒服的眼光，才讓懷孕的女性選擇不顯身材的衣服嗎？很想知道那些叫肚子突出的孕婦啤酒肚、大肚子社長、大肚腩等等的人到底在想什麼，又是怎麼生活的（其實一點都不想知道）。

穿上足足有兩個尺碼大的媽媽洋裝，配上黑色緊身褲參加聚會，朋友送孕婦牛仔褲給我。孕婦牛仔褲包覆肚子的部分由柔軟的棉布製成，且可以依據肚子大小調整鬆緊帶。往後不必穿寬鬆的洋裝了，我就是要穿會顯肚子的衣服。

#別管我喝咖啡吧——二〇一八年三月二十九日

我感受著人體的神祕。懷孕初期，由於子宮變大壓迫膀胱，半夜要上三、四次廁所，真的很辛苦，到了中期，就不再受頻尿和夜尿之苦了。這表示子宮向上抬起，不再壓迫膀胱。但，隨著子宮和骨盆韌帶擴大，換成鼠蹊部和臀部開始疼痛。

今天突然出現從未有過的暈眩，一直覺得頭暈，不舒服，聽說這是常見的懷孕中期症狀。進入懷孕中期，血液湧入子宮，導致供應大腦的血液不順，所以會產生眩暈和頭痛。胎盤形成後，胎兒開始自行供血，孕吐一下子減少了，卻又出現不同的情況。

我的幸福是以好喝的拿鐵開啓新的一天。懷孕初期，因爲荷爾蒙引起失眠，之後又因嚴重孕吐，戒了咖啡，這種生活的可怕是過去喜歡咖啡的我無法想像的。孕吐一減輕，我立刻想起拿鐵，最近又開始每天喝拿鐵。

然而，看到我喝咖啡的人都會說：「難不成妳現在喝的是咖啡？」「孕婦不能喝咖啡。」「想做什麼就做什麼，還敢生孩子？」

懷孕的女性只是想享受小小的幸福，卻樣樣被干涉。孕婦的咖啡因建議攝取量是每天三百毫克以下。一杯星巴克美式咖啡，含一百五十毫克咖啡因，一天一杯左右通常不會有負擔，懷孕當事人更清楚大量咖啡因對自己和寶寶都不好。懷孕後，受到勸戒不要吃的東西非常多，但又不是酒、菸、藥物，也不會對孕婦或胎兒造成很大傷害，再說，就算孕婦眞喝酒、抽菸、吃藥，旁人也不該多管閒事。女性的身體是女性的，懷孕的女性也一樣。

第15周

#大部分的孕婦是如何生活的——二〇一八年四月二日

爸爸曾說我很奇怪，最近，我也覺得自己的身體很奇怪。讓人那麼辛苦的孕吐消失了，現在卻因爲頭痛什麼事都做不了。走路時，由於髖骨疼痛步履蹣跚，站起來時，肚子一用力，子宮馬上緊繃。我的身體眞的很奇怪。

那麼，大部分孕婦又是怎麼生活的呢？我放棄問媽媽。媽媽說懷我的日子都是痛苦的，所以把記憶都抹去了。雖然不知道她是不願想起，還是大腦眞的抹去了記憶，媽媽的痛苦我不該重蹈覆轍，只是單憑我自己是不可能的。

孕吐消失了，以爲可以正常上班，大家也都說到了懷孕中期，體力會恢復，所以工時縮短期一結束，應該馬上恢復正常工作。也有人認爲我過去受到過分照顧，現在更要盡責任盡善盡美地完成工作。我連要訴苦都不容易。公司讓我覺得自己很異類。

我傾訴懷孕初期的艱辛、疼痛和苦楚，因爲人們不應該這麼不了解懷孕女性的困難。但也只是頭兩個月，連續說四個月也累了，大家似乎越來越討厭我，我漸漸變得更孤獨。我終於了解爲何懷孕女性只能忍氣吞聲，或在懷孕生產群組裡哭訴。

#已婚有子女性主義者——二〇一八年四月五日

原以爲不會結束的冬天，與我嚴重的孕吐一起離去了，裡裡外外都迎來了春天。天氣暖和，四處櫻花盛開。綜觀我的孕期，現在應該是最輕鬆的時刻。孕吐消失，打起精神，覺得應該多照顧懷孕的自己。孩子一出生，往後的人生將會被孩子填滿，而我最大的課題是做一個「明理且成熟的女性主義媽媽」。

培育孩子成爲健康的個體是一件孤獨、激烈且偉大的事。然而，在孩子誕生的瞬間，我所煩惱的將完全改變，我的生活也將和以前完全不同，從自身的人生軌跡來看，難免遺憾。因此在剩下的孕期裡，我應該多思慮、照顧、記錄自己，並懷著期待，迎接已婚有子的女性主義者生活。

#孕婦肚子的大小——二〇一八年四月六日

今天在公司一直聽到：「肚子怎麼一點也不明顯啊」。到底是想叫我怎樣！辦公室走道上來來往往的人都在談論我肚子的大小。他們聽說我懷孕了，但以他們一貫的印象來說，我的肚子並不明顯，也沒因爲孕吐而受苦，難道我只是隨口說說？

如果沒什麼話可對孕婦說，不如就什麼都別說。我喜歡 Netflix 的節目，喜歡料理，常旅行，是女性主義者，也是職業婦女，然而一說懷孕了，就突然只被視爲「孕婦」，儘管和我不熟，但話題都只圍繞在我「肚子的大小」，實在很詭異。

我想對他們說：「爲什麼隨便盯著我的肚子亂說話」。不過我今天還是親切地一一解釋了。我都會耐心地說明，肚子不是從懷孕初期就一點一點規律的變大，而是從懷孕中期才慢慢變明顯，尤其越靠近預產期，越隨著寶寶一起變大。肚子裡的孩子也是有所謂成長過程的。

雖然有個別差異，但孕婦往往肚子小也擔心，大也擔心。有的孕婦肚子小，胎兒可能有發展遲緩的問題，所以勉強自己吃東西卻嘔吐；也有肚子大到脊椎難以支撐身體，造成腰部疾病，或因爲下半身水腫而痛苦。

人們總是粗率的議論孕婦的肚子大小，但又有多少是眞心想到孕婦或孩子呢？姑且不論這些，即使知道評論他人外貌是無禮行爲，大家卻認爲談論孕婦的肚子大小或體重增加無妨，眞的很奇怪。

Romance

肚子不明顯，就會被說肚子好小，肚子變大也被說像快生了……我們就是什麼閒話都得聽的孕婦……相差三周懷孕的妹妹不知道是不是也因為肚子太小，壓力很大，只要一看到照片就會開始比較、分析，讓我也很有壓力。

Lunarfia

我是到最後一個月肚子也不明顯，於是就有人荒唐地說：「我要是像妳一樣肚子不明顯，就會再多生一個。」當然，她有補充因為肚子太大所以很辛苦這種廢話。但肚子的大小會和辛苦程度成正比嗎？

第5個月

暴力韓國的憤怒孕婦

第16周

#胎動 #母愛 #信仰的範疇——二〇一八年四月十日

下腹持續發出咕嚕咕嚕的聲響，似乎就是胎動。懷孕五個月後，才感覺到自己的肚子裡有東西。朋友聽說我感覺到胎動，小心翼翼問我是不是有了母愛了。

我認爲母愛就像宗教，有人信仰母愛，但我卻沒有這種信仰。我在某孕婦的部落格看到這樣一段話：「我想去旅行，但懷孕了還去旅行似乎不太應該，所以我請求腹中胎兒的諒解，胎兒允許了再去。」我想了很久，請求胎兒諒解並得到許可，到底是什麼意思呢？怎麼做到的呢？這是以理性而非感性啓動思考迴路的我難以理解的。

但是，如果將這句話看作是信仰的範疇，也就不足爲奇了。也是有人會向看不見的「神」祈禱，受苦時依賴信仰；也有人認爲某些事是靈異的，並讚揚或埋怨神靈。雖然我認爲，即使不是傷害，但以沒有證據證明爲由批判信仰或宗教，都是無禮且不對的行爲，但難道我就該輕易接受母愛的信仰嗎？

姑且不論與寶寶建立關係了，孕婦連孩子的臉都還未眞正看過，不可能就一定存在母愛、非存在不可。但也不能因此視一懷胎就對嬰兒懷抱母愛的孕婦爲被母愛神話奴役的人。

Growupspring

我是自然產，但過了三個月後才感覺和孩子變得親近起來。孩子一生下就充滿母愛的人真是神奇啊。產後把寶寶抱在胸前，只覺得這個「小東西」怎麼會在這裡，真是奇妙。

Chrc

從懷胎那刻，到孩子已經出生十三年來，我依然沒有人們所說的母愛……我覺得，所謂的母愛應該是孩子和我相互熟悉後，產生的感情和責任。

#懷孕生產群組 #粉紅色 #性感受——二〇一八年四月十一日

懷孕後，社群語言隨之展開新篇章。不熟悉的話語不斷湧入，爲了掌握那些話的意思吃了不少苦頭。仔細觀察懷孕生產群組的留言板，發現孕婦們的語言似乎分成兩種，簡稱和雙關語。

簡稱

排卵棒：排卵檢測棒

驗孕棒：懷孕檢測棒

延流：延遲流產（胎兒在子宮內死亡）

化孕：化學性流產（受精卵到子宮成長前就已經死亡）

自孕：自然懷孕（不透過試管或人工授精等醫療處理的懷孕）

超波：超音波檢查（陰道超波／腹部超波）

自產：自然產

剖產：剖腹產

雙關語

超魔力：殷切的看著驗孕棒，彷彿眼睛會有魔力讓兩條線出現

斷然線：驗孕棒上毫無懷孕徵象，斷然的一條線

111或222：每天或每兩天一次的性愛

功課：醫生指定性行爲的那天

嬰兒服顏色：粉紅色是女孩，藍色是男孩

簡稱在任何群組都有，但雙關語有時會讓人不知所措，就像女性群組中常常看到的「寶貝」一詞，指的是女性性器時一樣。

最奇怪的是「功課」。爲不易受孕所苦的人，看過不孕症門診後一定會得到「功課日」。排卵期具有高懷孕機率，所以這會是不避孕從事性行爲的日子。我詢問看過不孕症門診的人，醫生指定日期時，眞的會提到「功課」，使用「功課」這個用詞？對方的回答是肯定的。連醫院也不使用「性關係」或「性行爲」等用詞，而是以「功課」代之。換句話說，似乎是連專家都難以啓齒的尷尬之詞，自然懷孕只有透過性行爲才能實現，爲什麼卻只能隱晦的提及呢？實在讓人摸不著頭緒。

上次定期檢查，醫生用超音波看嬰兒，逐一測量，告訴我嬰兒的腦圍、腹圍、骨骼長度等，突然問我是否好奇嬰兒衣服的顏色。嬰兒衣服的顏色？我不知道這是什麼意思，和老公面面相覷，猜測應該是某個與孩子有關的資訊，一邊回答：「嗯，我想知道。」醫生說：「是粉紅色。」啊，原來是在告訴我孩子的性別呀。爲何要如此婉轉？我當下問了醫生，他表示懷孕三十二周前的胎兒性別鑑定是違反醫療法的。儘管如此，這種充滿性別刻板印象的告知仍然令人不快。

早在十年前，禁止告知胎兒性別的條款就已被判違憲，但根據修改後的《醫療法》第二十條，醫療人員不得以鑑別胎兒性別爲目的，對孕婦進行醫療或檢查，即使在醫療或檢查過程中得知胎兒性別，於懷孕三十二周前告知仍屬違法。關於胎兒性別鑑定的問題，雖然可以討論，包括選擇拿掉女嬰在內的各種問題，但聽到二〇一八年醫院仍準備粉紅色衣服給女嬰，這種舊時代的性別意識還是讓人很不高興。

我一邊和老公討論這種迂腐，一邊思考何種方式告知會比較好，最後得出的結論是，如果不提及生物性徵，無論說什麼，都很難擺脫性別刻板印象。女人什麼都能做，Girls can do anything，但不提生物性徵，該如何用衣服顏色區分男嬰和女嬰？

#懷了孕就成為罪人 #是男性就錄取——二〇一八年四月十三日

公司裡多了些懷孕的同事，比我早幾個月懷孕的前輩以及我宣布懷孕消息時，公司原就不是祝賀的氣氛，現在從上司到新進人員更說是部門危機。才剛懷孕，正受荷爾蒙變化多端折磨的我們心情自然大受影響。我感受到的違和感，對剛懷孕的同事來說應該更強烈。

老闆召集了我們部門的全體員工，看似在因應急遽增加的業務，實則是在議論懷孕的女員工。既然把懷孕當事人也叫到同一空間，除了對大家說「雖然孕婦很多，但爲了不讓業務出現漏洞，要保持警惕」之外，也應該一併提及工作時對孕婦的關懷才對吧。總之，老闆並沒有任何這些體恤的話。在那樣的場合，我彷彿僅因爲懷孕就成了罪人，很難抬起頭。雖然公司不聘用育嬰停職者的替代人員，但情況緊急，因此討論了新員工的聘雇條件。雖然是玩笑話，但表示新員工不需要學經歷和業績，只要是男的就錄取，這一點也不好笑。

我想問一個顯而易見的問題，人力不足是以下哪種人造成的？誰該受批判？誰該感到愧疚？

1．在公司工作量增加時懷孕的女員工

2．工作量突然變多，所以討厭懷孕女員工的同事

3．即使員工懷孕，也不建立好體制以避免業務空出的公司

如果有人認爲答案是1或2的話，那就該照照鏡子，看看自己，希望你能爲此感到羞愧。

匿名

我是兼任講師，無法有產假，為了能夠在假期生小孩，我制定了懷孕計畫。懷孕比想像中更痛苦。不吃東西就難受，但上課時根本沒辦法吃，所以肚子常常咕嚕咕嚕叫，臨盆前都還站著工作，真的很痛苦。由於兼任講師是約聘職，很難告知同事懷孕的消息，所以我也放棄了他們的關懷。一月生下孩子，三月就得開始工作，然而，因為連哺乳室都沒有，所以很快就沒奶水了。在這種狀況下，要求我們生小孩的社會真是可笑。妳《懷孕日記》的記錄告訴大家這些社會上的現實，並提醒社會應該改善。

第17周

#共同的情緒 #工具化 #物化——二〇一八年四月十七日

胎動讓我感覺到肚子裡的寶寶正在健康成長，雖然看不到，但我知道這是與孩子這個生命體的浪漫交流。因爲媒體都是這樣描述。剛開始，覺得就像從肚子裡冒出一串氣泡，又癢又可愛，感覺很神奇，但現在每次子宮有波動，我都嚇得心臟快要跳出來。

就像人們從以往「月經是爲準備生小孩的神祕、高貴過程」的教誨中覺醒，普遍認識到月經是一件痛苦、煩躁且煩瑣的事情，我也希望大眾能知道嬰兒在肚子裡碰觸母體，對孕婦來說是「不舒服」。我常常因爲胎動受到驚嚇，也想獨自與社會瀰漫的母愛神話戰鬥。

隨著肚子變大，經常有人問我是不是可以摸我的肚子。我很認眞地向這種要求解釋。對你來說，這可能是一種「哇，好神奇，是孩子耶」的感覺，但事實上，從我的立場來看，這只是我的肚子，和我摸你肚子的感受並沒有太大的區別。

因爲覺得神奇，問我可不可以摸我懷著孩子的肚子，會讓我覺得自己是孵蛋器，就像變成了玩具一樣。身爲女性，被工具化、物化的心情很糟，懷孕後，我們更無可奈何地成爲名爲「孕婦」的工具。

孩子生下來之後，我的身體將會變得如何？再怎麼想像與孩子一起共度美好的未來，我的身體都像被拋棄了。我的身體究竟會發生多大的變化？但我知道，即使拚命努力，也不會再和以前一樣了。

#有負擔的對話胎教和胎教——二〇一八年四月十九日

許多人建議要感受胎動，就把手放在肚子上，和孩子說說話，對大腦正在發展的胎兒來說，沒有比這更有效的胎教。但如果胎動讓我不舒服，我可能會對孩子的存在有負面的感覺，所以每次胎動，都試圖壓抑慌亂的心情，只是並不容易。

對話胎教和胎教讓我感到負擔。過去一向隨心所欲的生活，現在的想法和行爲卻會大大影響另一個個體，眞是可怕的事。我希望孩子能不依附我，成爲獨立的人，過自己的人生，但自懷孕起，孩子卻被迫和我綁在一起，這讓我很痛苦。

我帶著不安搜尋論文。過去有許多研究談及胎教的效果，並且有實驗證明。然而，二〇〇〇年後的研究則著重在孕婦的胎教壓力，主張以胎教之名所帶來的各種刺激或膚淺資訊反而阻礙胎兒與孕婦的安定，從而帶來更大的副作用。此外，也出現將減輕孕婦壓力本身視爲胎教，嘗試森林胎教、舞蹈胎教等各種方法的趨勢[16]。

據說懷孕中期後，胎兒可以辨識母親的聲音，並能感受到母親的情緒。於是，從此身邊的人就常常告訴我，身爲媽媽應該要以溫柔的聲音告訴孩子媽媽愛它，和孩子交流。但最近的研究卻發現，持續保持好心情，自在地生活才有益於孩子的健康。

Lolita

孩子長大後的胎動會很痛。ㅠㅠ所以每當胎動，我也會進行對話胎教。「孩子啊，別亂動好嗎。我很痛。你快點睡吧」。孩子偶爾會因此安靜下來，但有時候也不會理我，繼續亂動。

Romance

已經三十一周的我，對話胎教還是不太自然。似乎是喜好上的差異。有些媽媽非常自然地就將愛帶入其中，講了很多故事，但也有像我這樣必要或想做時才進行胎教。我不想勉強自己。胎教也是。我似乎都是在開心的時候才和孩子說話，並進行胎教。

#從覆在胸口的乳暈到乳頭角質——二〇一八年四月二十日

我的乳暈幾乎快覆蓋整個胸部。事實上，我曾對自己終於有了從未想過的大胸部感到開心，但我也知道，哺乳後，胸部就會像洩了氣的氣球，毫無彈性地下垂。我的乳頭起角質，乳頭之間不斷出現黃腫

16原註：裴相美，〈孕婦的舞蹈胎教相關認知調查〉，《大韓舞蹈學會論文集》，二〇〇七；金寶英等，〈透過森林胎教達成的孕婦懷孕壓力減輕效果〉，《森林科學共同學術發表論文集》，二〇一二。

的情況。塗上油輕輕按摩，卻感受到性高潮，子宮因此收縮，最後只有疼痛。

原本想自己洗澡，卻不得不請老公幫忙。我只能站著洗頭和上半身，如果想彎腰或坐下，肚子就會緊繃，痛上好一陣子。即使再怎麼相愛，我也不想讓老公幫我洗肛門，但老公出差不在家，或和老公吵架的日子，我就是想洗也沒辦法洗。

以前一提到懷孕，就自然而然浮現漂亮女性和肚子裡的孩子交流，吃好吃的，聽好聽的畫面。現實裡，別說腳了，我連肛門都無法自己清潔，也害怕感受到性高潮，只得在擦拭乳頭時壓抑自己的敏感。孕婦的日常充滿了挫折。

第18周

#尿道括約肌 #羞辱感——二〇一八年四月二十一日

刷牙的時候或許牙刷放得太深，肚子一用力，尿道括約肌放鬆，尿就這樣跑出來了。我的身體一直讓我有羞辱感。原本趕著出門，卻還是得清洗內褲、洗澡。我非常討厭洗澡，身體的每個角落都摸不到，不只肉體上難過，接受這樣的自己，精神上也痛苦。

沒想到我的身體會這樣折磨我，這樣的事又實在瑣碎、露骨，無法對已經生過孩子的朋友說，我媽也不會喜歡聽吧。

如果我累了，其他人往往會摸著我的肚子說：「寶寶啊，別讓媽媽這麼辛苦。」「孩子啊，長大後是想盡多少孝道，居然這樣欺負媽媽？」

我是自己想要孩子才懷孕的，這不是寶寶在折磨我，而是懷孕發生的症狀。孕婦遭遇的日常困境和症狀都被掩蓋了，還要求孩子盡孝道，眞讓人很不高興。

匿名

我也是一天要換好幾次內褲。產後也必須認真做瑜伽或凱格爾運動[17]，否則會一直感受到近乎喪失身體自主權的羞辱。雖然更壞的消息是，連運動都可能無法治癒……

Kumako

身為孕婦的我感冒了，每次咳嗽都很無力。雖然好轉，但咳得厲害的時候，晚上得換三次內褲。ㅠㅠ我還用了之前剩下的衛生棉。

#連續三天的地鐵憤怒日記 #第一天——二〇一八年四月二十三日

好久沒搭地鐵了。之前好長一段時間搭乘其他交通工具，相對的舒服，但這周可能要搭地鐵下班。

懷孕初期因爲嚴重虛弱且孕吐，在地鐵上站著非常辛苦，到了懷孕中期，搖晃的地鐵上，只要一用力，肚子就會緊繃。腹中的胎兒長大後，變胖的身體讓我很尷尬也很不舒服，但偶爾忘了戴孕婦徽章，會想以突起的肚子證明自己是孕婦。

當然，今天依舊沒有空著的孕婦座。深深嘆了一口氣，毫不猶豫地開口詢問。如果坐在孕婦座上的是女性，我會問對方是不是孕婦，若是男性，則會告訴對方自己是孕婦，問他是不是可以讓座。今天遇到兩位非孕婦對我生硬的提問沒有任何回應，機器般起身讓座。我也

17 一種復原和保養骨盆底肌肉群的運動。

機器般點頭致意、默默坐下。

每天搭乘地鐵，面對沒有關懷的社會和大眾，真的非常辛苦，但現在已經不再像以前那樣受傷了。只有懇求或乞求才能「得到關懷」，才能坐在孕婦「關懷」座上，這可能會讓有正義感的人憤怒，但每天面對這種情況的當事人如果不對這樣的羞辱遲鈍些，就很難保護自己。所以，不像以前一樣受傷，事實上只是努力不讓自己受傷。

如機器般要求關懷，被讓座後像機器一樣坐下。我下定決心即使不讓座也不再傷心或憤怒。每天都搭乘地鐵的其他孕婦又是如何保護自己的心呢？在這種沒有關懷的社會裡生孩子真的沒關係嗎？

#連續三天的地鐵憤怒日記 #第二天——二〇一八年四月二十四日

今天也搭地鐵。坐在孕婦座上的人看了看我的肚子和孕婦徽章，使眼色請我坐下。正要點頭致意的瞬間，對方旁邊坐著的人正打算移到那個空位，因此起身的人連忙把我推到座位上。我的屁股撞到椅子，發出咚一聲。

讓座是什麼？孕婦座是什麼？所謂的人又是什麼？不僅臀部，肚子當然也受到強烈衝擊。只要搭地鐵，原本平凡的生活也會驚天動地。我是暴力韓國的憤怒孕婦。

#連續三天的地鐵憤怒日記 #第三天——二〇一八年四月二十五日

雖然很難過，但今天寫的也是地鐵憤怒日記。我難過地想，只要把在地鐵經歷的事集結起來，似乎就能成爲了解一般人如何對待孕婦，以及孕婦日常生活中經歷了哪些困難的好資料。

和往常一樣，我站在孕婦座前，座位上的人雖然看到了我的徽章，但一直裝作無視，低頭看著手機。我轉頭嘆了口氣，詢問對方：「請問您是不是孕婦？」但她繼續看著手機。我又叫了她一次，表示自己是孕婦，問她是不是可以讓座，她才無奈地笑著說：「那就給妳坐吧……」我還是不習慣這種羞辱。保護自己竟是如此困難。

#懷孕後討厭聽到的話——二〇一八年四月二十六日

我把懷孕後討厭聽到的話記錄下來，告訴自己，生了小孩後，也千萬別說這些話。

「孩子還在肚子裡期間最舒服了。出生後才眞是地獄啊。」

「孕吐是孩子健康的證據啊，媽媽再辛苦也要忍耐才行。」

「也有人直到臨盆都還在孕吐。」

「妳看起來真像是孩子懷孩子啊。」

「孕婦可以喝咖啡？可以吃巧克力嗎？那個也能吃嗎？」

「妳到現在肚子都很不明顯耶，不過孩子還在長大啦。」

「妳這麼乾瘦只有肚子凸出來，很像外星人耶。」

「媽媽太瘦孩子會不健康。多少吃一點吧，就算會吐也要吃。」

「妳懷孕後得了被害妄想症嗎？」

「不是只有妳辛苦。每個媽媽都會經歷這樣的事。」

「懷孕就想休息，那工作誰來做。這樣大家都去懷孕好啦。」

「有計畫生第二個嗎？」

「妳懷的是女兒嗎？下次最好生個兒子。一男一女剛剛好。」

「有些人孕吐更嚴重。妳這種程度還活得下去吧。」

「妳變胖了耶，一直很好奇妳變胖是什麼樣子。」

「孕婦怎麼能說那種話。孩子在肚子裡都聽得到，妳只能說好話。」

「我就說孕婦幹嘛搭地鐵，還要去看臉色，要養小孩，就應該要開車。」

每一句話都讓我越想越生氣。

自從孕吐結束後，每天都會喝一杯咖啡。僅僅這樣一件事，我的幸福感就提升許多。嚴重孕吐一結束，我就忘了當初爲何那樣痛苦。已經脫離痛苦的人很難記住這種感覺，只是隱隱約約殘留著像是好想死、好想墮胎這樣的想法。現在只能看著當時寫的日記，一點一滴地回憶，這就是爲什麼不能粗率地說大家都經歷過。

第19周

#動手術的老公 #孕婦看護——二〇一八年四月二十九日

老公因爲急性闌尾炎（盲腸末端突出的闌尾發炎）動了手術。身爲監護人的我蜷縮在訪客椅上，捧著緊繃的肚子守在病房裡。讓我當看護是很糟糕的決定。懷孕時時都有流產的危險，子宮正在變大，全身關節都在刺痛的我根本幫不上忙。老公一個人上廁所，一個人吃飯，連餐具都是自己歸還。因爲對患者沒有任何幫助，只能躺在小椅子上摸著緊繃的肚子，爸爸責罵我，說再怎麼辛苦，也沒有像剛動完手術的老公辛苦吧。因爲被責罵，我連家都不想回了。

爸爸還跟我說，媽媽懷我時得背著年幼的哥哥幫生病的爺爺處理大小便。又說，懷孕本來就是這樣，不是特別痛的話，讓老公一個人在病房忙，自己卻一直窩在椅子上，讓婆家或其他人看見了就不好。

我為爸爸的這些話，以及根深柢固的偏見感到憤怒。不論是沒懷孕過的他認為懷孕不比其他事辛苦，或是他和媽媽需要看婆家臉色這件事。即使我以前可以容忍，但現在不行了。我不會再繼續忍受。

#讓胎兒陷入危險的媽媽 #污名——二〇一八年五月一日

突然很好奇，如果自己懷孕期間得了急性闌尾炎會如何。急性闌尾炎原因不明，不是說小心就能預防，所以任何人都不能掉以輕心。我看了其他孕婦的部落格文章，發現孕婦如果罹患闌尾炎，依據懷孕周數、孕婦和胎兒的狀態，似乎會有不同的症狀和處置。因為孩子在肚子裡，不僅很難區分是懷孕引起的疼痛還是發炎，即使知道有危險，去醫院急診，也因爲是孕婦，需要很長的時間才能判斷是否罹患闌尾炎。一般病患通常透過照CT（電腦斷層掃描）就能知道是否發炎，但照CT可能對胎兒有害，所以孕婦只能透過驗血掌握發炎指數，並綜合考量其他症狀後，才能做出診斷。

即使要做手術，從痲醉藥的使用到手術方式的選擇都很繁瑣。患者如果不是眞到危險程度，就會把胎兒的安全放在第一位。某位懷孕期間曾經罹患急性闌尾炎的孕婦在部落格寫到，當時她的婦產科醫生沒有提出任何建議，也沒診斷出她罹患闌尾炎。孕婦的闌尾炎手術最重要的是確認胎動，並穩定子宮收縮，相較於手術的成功與否，更重要的是克服早產的危險。越是尋找相關資訊，越發現治療孕婦闌尾炎沒有最好的方法，只能考慮次要方案，而事實上，也還不是針對孕婦，而是胎兒。

即使再怎麼注意自己的身體，當原因不明的疾病發生在孕婦身上，不能站在孕婦的立場做出最佳選擇已經很讓人難受了，人們還會把這樣的孕婦扣上「讓胎兒陷入危險的媽媽」的污名，眞是心酸。

#濫用育嬰停職 #不考慮實際狀況的行政人員——二〇一八年五月三日

今年連一半都還沒過，同事們就已經開始看著明年的月曆規畫假期了。如果孩子現在出生，我應該會有好一段時間就算公休日加年假也無法去旅行。

想著明年放假時，把孩子託付給親戚，出國旅行，懷著興奮的心情打聽，同事卻告訴我驚人的事，育嬰停職期間，如果有出入境事實，必須向公司報告，若沒有孩子同行，則必須說明。因爲育嬰假期間，育嬰是主要工作，如果不顧孩子去旅行的話，等同於怠忽職守，可以成爲解雇理由。這是眞的嗎？

我認眞搜尋後發現，公務員確實是由各機關確認育嬰假出入境的事項。這是根據公務員任用令第五十七條的規定，也就是說休假期間從事不符休假事由的活動，違背休假目的時，得命令其復職。即使在一般公司上班，每年超過十五天的法定休假可以在沒有任何干涉下自由使用，但育嬰假期間，也都只能從事所謂「本業」的育嬰工作嗎？雖然我不是公務員，但確認休假期間的活動是否符合休假目的，出入境時也得提交確認書，這樣分明是侵犯隱私的舉措，不知爲何居然在我們公司發生了。我驚訝的得知，育嬰假期間沒有孩子同行，到國外長期旅遊、進修語言或就讀研究所的公務員，一旦被發現，將會被公家機關嚴格確認爲休假期間非休假目的的活動。不對，忙碌的育嬰假期間，眞的有人可以做那些事嗎？根據各種報導，不意外地大部分是男性育嬰休假者所爲[18]。這些以育嬰假爲藉口，所有育嬰工作卻由老婆負責，爲自己的升遷和休閒濫用權益的男性，使認眞育嬰的人受害了。

行政上也是。相較於處罰濫用育嬰假的男性，試圖建構健全的防止機制，壓制所有育嬰假使用者的解決方式，凸顯了行政上的怠惰，使得那些因爲社會眼光、經濟理由，自願或被迫承擔育嬰責任的女性更被禁錮在家裡。不加考慮這些的行政人員該如何贖罪。

#肚子緊繃＝子宮收縮＝疼痛！——二〇一八年五月四日

今天洗完澡，擦乾身體後，無意識地吐了口水，結果唾液直接流到肚子上。雖然很麻煩，但得再洗一次澡。肚子從沒這樣突出，所以不太能適應。

長時間維持同一姿勢，或姿勢稍有不對，肚子就會變得緊繃。平時肚皮是鬆軟的，只要一緊繃，就會變得非常硬。每當有人問我肚子緊繃是什麼感覺，我都會回答，就像肚子抽筋般疼痛。肚子變緊繃是子宮收縮，沒有子宮的男性就可能會反問：「是不是和壓迫勃起的性器官一樣不舒服？」即使認眞說明，有些男性仍會無從理解般漠視這樣的疼痛。他們問這樣的問題不是想同理我們，只是爲了滿足好奇心。無論如何，肚子變緊繃是眞的很痛。

按摩肚子可能加重子宮收縮，不利於胎兒的安全。如果肚子變緊繃，子宮持續收縮，子宮可能會試圖強行擠出腹中的胎兒[19]。後來，每當肚子變緊繃，我只能勉強移動身體，換個舒服的姿勢，等待狀況緩解。平時，孩子踢我會很痛，胎動眞的很可怕。此時胎動變得更加

18原註：〈男性育嬰停職薪資不正當領取額四年來增加了十三倍〉，《聯合新聞》，二〇一九年二月十一日。

19原註：〈孕婦肚子緊繃、早產陣痛，「早產警訊」〉，《韓國經濟，親子版》，二〇一九年二月二十五日。

頻繁，我擔心是不是肚子變緊繃，孩子也會一起緊張。

站在地鐵裡，如果肚子變緊繃，不知會多難熬。既不能喊，也不能呻吟，又不能抱著肚子愁眉苦臉的說：「我是孕婦，請讓座給我。」這種像是脅迫的行爲只會讓人尷尬。我希望即使我不要求，孕婦座也是空的，但世界不會讓我稱心如意。

第6個月

為何人們的無知理所當然，為何說明是我的責任

第20周

#一半 #不容易——二〇一八年五月五日

今天是懷孕第二十周，也就是第六個月了。原以爲已經歷了好一陣子的痛苦，沒想到離孩子出世還有大半的時間。每天都在變化的身體讓人無奈，要向他人說明自己面對這些變化的情緒也很尷尬。要把連長相都不知道的胎兒當作自己的孩子，這樣的練習也很不容易。不過好歹挺過一半了，接下來也繼續加油吧。

#膀胱 #泌尿 #僵硬的肩膀——二〇一八年五月十日

根據百科全書說明，膀胱的主要功能是「儲存和排出尿液」，那麼，最近我的膀胱顯然沒有正常發揮作用。它儲存尿液的時間非常短，只會努力排出尿液。只喝了一口水，不到五分鐘就因嚴重的膀胱壓迫感去上廁所，眞的是才喝了一口水就尿出來了。就這樣，今天去了十來次廁所。

懷孕初期，子宮在骨盆下增大，睡覺時嚴重頻尿。本來以爲隨著孕吐消失，頻尿也會消失，但孩子變大的現在，頻尿卻因其他因素更加惡化。如果就這樣忍受膀胱壓迫，右側腰就會疼痛。曾經擔心是腎臟發炎，事實是突然變大的嬰兒壓迫了膀胱，因此右側腰產生如腎臟發炎般的刺痛。隨著孩子在肚子裡長大，我的器官似乎也完全脫離了正常的位置。

肩膀也舒展不開來。照鏡子看著側臉，嚇了一跳，鏡中的我竟和媽媽一樣駝背。即使下意識的想舒展一下也不容易，肩膀和腰越打直，肚子脹得越緊，我會痛，也擔心影響寶寶。而隨著重心的改變，也不知道該怎麼站才能站穩。我的身體眞讓人心煩。

#性別刻板印象 #孩子的性別——二〇一八年五月十一日

人眞的很有趣。我和老公都不希望孩子自胎兒起就陷入性別偏見，除非關係親近，否則不會告訴對方孩子的性別。如果有人問起孩子的性別，我會裝作不知道，說醫院沒通知。雖然醫院告訴我要準備粉紅色的嬰兒服，但這並不一定意味著性別（？），所以這不完全是謊言。儘管如此，還是有人依據我孕吐的模樣、肚子的形狀、我的背影、胎動的強度，充滿自信地猜起孩子的性別，我覺得非常有趣。

我認爲最好不要知道孩子的性別。這些人表示他們從懷了孩子的那刻起就想知道性別，還問我難道不好奇，而我總是回答：「期待性別有什麼用。」

他們大概把我的話理解成是無法決定性別，所以期待也沒有用，殊不知我更關心困擾孩子的性別偏見。

在二十一世紀，依靠非科學方式來推測嬰兒性別的確很有趣，但我希望大家能明白，嬰兒尚未出世之前，賦予性別刻板印象，甚至爲其將來定下一條路線，這是限制一個個體的傲慢之舉。

第21周

#保險 #排除懷孕 #排除生產——二〇一八年五月十四日

聽說我懷孕了，有過經驗的親友都紛紛告誡懷孕期間千萬不要住院。據她們表示，如果因懷孕而生病，雖然是自己的身體，但保險不會給付，所以經濟上將會出現困難。如果眞需要住院，我也不是很擔心，即使健保不給付，我也分散投保了許多個人保險。

但這幾天肚子都很緊繃，很不尋常。難道是早產陣痛？會不會有早產的危險？雖然有些擔心，但是我認爲在現代醫學的幫助下，接受藥物治療，進行必要處置的話，應該不會有問題，所以查看了保險條款。我每個月連兒童保險（胎兒保險）在內繳納了不少保險費，想確認一下重複保障的可能性。但這是怎麼回事？保險條款中都有「因懷孕、生產引起的狀況除外」這樣一句。

原以為只有國家的健康保險才不給付懷孕期間婦產科的醫療費或檢查費。依懷孕周數到醫院接受檢查，醫院說有的檢查是健保給付，但有些不是。但現在不是要產檢，而是因為懷孕期間身體不舒服，連個人的實支實付險都無法給付這樣的醫療嗎？

我這才開始緊張，懷孕初期由於孕吐嚴重，可能會出現脫水現象，中期或後期則會出現子宮收縮或妊娠糖尿病，這些都是孕婦常需住院的症狀，但實支險卻無法給付，實在令人啼笑皆非。目前仍在繳納的癌症險、人壽險、實支實付險、CI險、兒童保險，懷孕期間居然都派不上用場（兒童保險中的母親擔保包含產婦特約，但我沒收到通知。聽說如果是雙胞胎或第二次懷孕就很難加入產婦特約。如果有女性想投保的話，建議先了解懷孕及生產相關條款後再投保）。

可能是因爲身體原本就弱不禁風，再加上是第一次生產，所以肚子常常緊繃。肚子變緊繃就是子宮收縮，如果這個收縮是有規律的，那就會被視爲陣痛。根據我在醫院聽到的，早期宮縮可能是早產的緊急徵兆，因此沒有其他辦法，只能住院注射子宮收縮抑制劑，並靜靜的躺著。但是，對無法有保險優惠的我來說，發生意外，這些費用都必須自行負擔。

說起保險，有人會說，保險本來就是大家事先拿出錢來作爲共同資金，支付給事故發生者，如果保障懷孕相關疾病，對沒有懷孕計畫的女性不合理。然而，不就是因爲人人都不知道人生路上會發生什麼事，所以才買保險的嗎？不僅懷孕的計畫常有變動，更有問題的是，難道也要依據這樣的主張，將「未經計畫的意外懷孕」排除在保險之外嗎？有人提到保險學，痛斥保險在有關懷孕保障的主張不合理，但我覺得說到底還是和其他人一樣的意思。

「懷孕生產本來就都是妳自己的事。難道妳不知道這個道理就懷孕嗎？」

我不斷表示不論慣例如何，保險內容都不該繼續這樣，但爲何大家還是認爲我必須自行承擔全部責任呢？

以後我的身體會變得如何呢？最好不要出現需要住院的情況。每個月繳交幾十萬韓元的保費，住院和醫療卻未獲任何給付，原本很安心，但現在這是什麼情況……有人說，懷孕和生產不被視爲疾病，因此實支實付險無法處理，我覺得這眞的很荒唐。

#孩子沒有義務 #我的決定 #我的選擇——二〇一八年五月十五日

上班非常吃力。看著每天勉強上班的我，家裡有青少年子女的上司說：「我之前生孩子也是這麼辛苦，而現在孩子是冤家啊，冤家。

辛苦生下他們卻一點用也沒有。」雖然身體很累，但還是期待將來與孩子共度的日子，我無法理解也不想知道爲何要用那樣的話來埋葬我們的未來，但這意味著養育子女可能不是那麼順心。

從和老公計畫懷孕開始，我就下定決心，不論懷孕和生產有多辛苦，我都不對孩子說：「爲了生你，我受了這麼大的苦。」生孩子是我的決定，也是我的選擇。如果無法對自己的決定和選擇負起責任，那是因爲自己、家庭、社會沒有發揮各自的功能，而不是孩子的錯。我努力扮演好自己的角色，也希望社會能順利運作。孩子沒有義務承擔父母的選擇。

#月子中心 #把錢花在自己身上——二〇一八年五月十六日

我預約了月子中心。由於我的婚禮和嫁妝都很簡樸，所以第一次聽到月子中心的費用嚇了一大跳，但這幾個月來的懷孕過程，讓我覺得有必要去月子中心這樣的好地方。我沒有四處打聽，只參觀了這一區最好的一間，就馬上預約了。現在該把錢花在我身上了。

月子中心基本的價格是兩周三百三十萬韓元，加上七次產後按摩，預計會多花七十萬韓元。生平有過兩周花掉四百萬韓元生活費的經驗嗎？蜜月旅行也沒花那麼多。這間月子中心的優點是禁止探視，以及不和孩子住同一個房間。就好像生完孩子和老公住飯店兩周一樣。雖然大概不會如想像中優雅。

#生命體 #老公的支持——二〇一八年五月十七日

看著自己一天天變大的肚子，突然覺得神奇。不知不覺中，孩子眞的在長大。孩子的工作是成長，我肚子裡的寶寶眞的很努力在工作啊。認真檢視這個小生命體，讓我內心澎拜不已。我也得加把勁，好好保護自己，努力做好我的工作。

能夠懷孕到現在，是靠我身體的奉獻和辛勞，但老公的支持也非常重要。雙薪家庭的夫妻是同一時間上下班，我和老公早就約好由身體較健康的他多做一點家事才公平，所以自結婚之初，家事大都由老公負責，現在肚子裡有了孩子，爲了讓我好好休息，他包辦了所有的家事。

老公總是在思考如何一起承擔懷孕的辛苦，並按照自己的想法去實踐，對懷孕的我有很大的幫助。但不知爲何，談及老公所做的這些事會讓一些人不舒服。無論說我自私，懷孕就使喚老公，或覺得我老公很可憐的人都有。老公包辦家事就是老婆使喚？那麼，沒有懷孕的男性爲什麼總是使喚自己的妻子呢？我的姐妹很羨慕我，她們的故事讓人惆悵，攻擊老公包辦家事的男性則令人心寒。

事實上，老公也是懷孕當事者，是我最親密的伴侶，更是腹中胎兒的共同養育人，誠如「水總是濕的（water is wet）[20]」一樣，當然要分擔這個重任，但大家卻覺得這樣的老公和神話裡的獨角獸一樣神奇。再怎麼辛苦，也不及懷孕當事人，就算我只是動動手指，吃飯睡覺，這些簡單的事也都很費力。和孩子一起生活的幸福不會白來，所以男性也不能坐享其成。

#因為是女兒，爸爸會很開心——二〇一八年五月十八日

醫院通常會在懷孕三個月時，悄悄告知孩子的性別。已經懷孕六個月了，無法再說不知道孩子的性別，所以有人問起性別，我會回答

20譯註：意指理所當然的事實。

是女兒，如此一來總是不免要聽些閒語。

「是女兒啊，那爸爸會很開心啊。」

這句話我已經聽了十五遍，但仍然無法理解到底是什麼意思。孩子的性別到底會給養育者帶來什麼樣的快樂，我們又該爲何而開心呢？性別本身能成爲快樂嗎？他們其實不是因爲孩子的性別而開心，而是因爲寶寶的性別聯想到社會期待的性別角色，才因此覺得開心吧？性別不同，養育的煩惱可能也會有所不同，但這些人特別指出養育者中的「父親」，說「爸爸會很開心」，到底是什麼意思呢？

#支持墮胎除罪化的「懷孕日記」——二〇一八年五月十九日

距離禁止墮胎是否違憲的憲法訴願首次公開辯論還有五天。二〇一八年的韓國仍有「婦女墮胎，處一年以下有期徒刑或兩百萬韓元以下罰金」的刑法第二六九條第一項，以及「醫生、韓醫生、助產士等受婦女委託墮胎，處兩年以下有期徒刑」的刑法第二七〇條第一項。也就是說，這是以國家爲主體，利用法律打壓女性身體的違反人權暴力（二〇一九年四月十一日，韓國憲法法院裁定墮胎罪違憲）。

在此之前，我也參加了韓國女性民友會[21]舉辦的廢除墮胎罪的Hash Tag運動。

懷孕日記

懷孕的女性是人。人應該能夠自行決定自己身上發生的事。在醫

21 這是關心婦女、環境、消費議題的婦女團體，與日本生活俱樂部生協聯合會婦女委員會、台灣主婦聯盟環境保護基金會爲姐妹團體。

院安全終止妊娠的權利應當歸懷孕的主體，也就是女性的基本權利。女性的身體是女性的。

#墮胎罪——支持廢除——懷孕日記

第22周

#無知和無禮 #侮辱和說明——二〇一八年五月二十三日

懷孕六個月，走起路來搖搖晃晃，每走一步都會不由自主地發出「哎呀，我的屁股」。五年前去歐洲旅行，每天走三萬步，我也曾哭訴腰和臀部的疼痛，現在的感覺和當時一模一樣，只差一整天才走不到三千步。

我的背影和之前沒有太大差別，看起來不像孕婦，如果一手扶著臀部，一邊發出「唉呦」的聲音，一邊吃力的走路，旁人看到就會無心的說我肚子不大，也不胖，何必這麼誇張。從寶寶在肚子成長開始，到現在胖了大約五公斤，但這都是子宮內發生的現象。原本只是拳頭大小的子宮變大，甚至改變了包括骨盆在內的骨頭形狀，所以即使是小動作，也會對身體造成傷害，這難道不是稍微想想就能明白的概念嗎？他們連思考一下的誠意都沒有，也不理解我們所訴說的辛苦。

我很難過也很清楚，社會上懷孕的女性是弱者，才會被無禮所折磨。很多時候，我會仔細告訴他們我的狀態，以及我為何這麼辛苦，因為我總是會有需要協助的時候。然而，一想到只要談到我懷孕的身體，我就得這樣字字句句解釋，心就涼了。

人們的無知為何如此理所當然。他們的無禮太理直氣壯了，為什麼都得由我來說明？過去和現在的孕婦到底經歷了多少恥辱？為何至今沒有任何改變？

Nariel

不僅老公，應該讓全體國民從小就體驗孕婦的生活。全體國民不該隨意對待，而是該保護如此辛苦懷胎生產的我們。政府嚷嚷著「低出生率」該怎麼辦的同時，應該停止無用的預算浪費。

#忠誠的生育工具 #所謂「兼顧工作與家庭」的重擔

——二〇一八年五月二十五日

國家要求我們生小孩，卻對我們生孩子後的生活漠不關心，真的很可惡。孩子出生後，我的生活會變得如何呢？雖然有育嬰假在家照顧孩子，但復職後，我還能像以前一樣發揮所長，累積自己的經歷嗎？在無法容忍生孩子的女性以工作能力得到認可的當今社會，女性能獨自背負只加諸於女性的「兼顧工作與家庭」重擔，堅持下去嗎？我雖然決定生孩子，並不表示也要選擇灰暗的未來。但隨著嬰兒在肚子裡成長，不僅是精神和肉體，我的未來也似乎毀了。

廢除墮胎罪的憲法訴願通過後，憲法裁判所於五月二十四日針對規範墮胎罪的刑法第二六九條第一項等進行公開辯論。昨天下班的路上，因爲平安無事度過一天而鬆了一口氣，所以從容地看著網路上的主要報導，讀到法務部提交給憲法裁判所的公開辯論要旨書後，卻立刻陷入悲傷。法務部將要求廢除墮胎罪的女性貶抑爲「可以性交，但不希望因此懷孕和生育」的人，並試圖討論胎兒生命權與女性自決權兩者之間的優先順位。對國家來說，懷孕的「我」並不是生活的主體和具有故事的個體，只是在法律允許的關係內進行性交、生兒育女，對國家忠誠的生育工具。

我因這樣的羞辱憤怒得發抖。大韓民國法務部侮辱了這個國家的所有女性，包括懷孕或沒懷孕的女性，有孩子或沒孩子的女性。事實上，是侮辱了所有的生命。

有些認識我的人責怪我，說「肚子裡有寶寶的女人」怎麼可以對所有事情都這麼敏感，脾氣這麼暴躁？不論懷孕前是什麼樣的人，懷孕了就得與之前的生活訣別，只因為擔心胎兒被負面情緒影響，所以必須努力順從。越來越多人知道我懷的是女嬰，這類嘮叨尤其嚴重。如果胎兒確實會受媽媽影響，依此觀念，我的孩子將會是天生的女性主義者。她正健康成長，請不用擔心。

仔細想想覺得有些奇怪，擔心腹中的嬰兒會被情緒影響的人，怎麼會對孕婦的健康和工作環境漠不關心呢？就像大韓民國法務部一樣，賦予卵子和精子結合的細胞團塊名為胚胎的人格，主張生命的重要性，卻粗率的漠視擁有「眞正人生」的女性存在事實。

第23周

#獎盃#「正常家庭」#家庭月活動——二〇一八年五月二十七日

我和老公以及腹中的孩子是我雙親的優勝獎盃。我在相對年輕的時候，就和一個外貌與品行都優秀的男人結婚，還在國家允許的「正常家庭」裡懷了孩子。這成了我父母的驕傲，但還在思考幸福、痛苦、人生或未來的我卻不這麼認爲。

之前和父母去了一趟他們的教會。教會似乎以「家庭月」名義邀請了全家人參加當天的禮拜。很多可能因爲住得離原生家庭很遠，都是去自己的教會，或是過著與教會毫無關係的生活，爲何他們還會舉辦這樣的活動呢？教會還說，今天聚在一起的一家人，拍下共進午餐的照片交給教會，就能參加抽獎送禮活動，但教會又表示不提供原本禮拜活動會準備的午餐。在只有血緣或婚姻組成的家庭才能被認可爲「家庭」的教會裡，以這樣的名目排除了自願或無意識下成了一人家庭的教徒。我認爲這樣思慮不周的怠惰規畫罪大惡極，但無論如何，我還是下定決心，今天要扮演忠於雙親獎盃的角色。

可能是因爲像我一樣被動員的家人很多，所以教會裡人聲鼎沸。人潮來來往往，走道上，打招呼的人都會摸我的肚子。我只能毫無招架的承受。

「是宋長老的女兒吧？肚子挺大的。」然後摸我的肚子。「聽說妳不久前結婚了，現在居然已經有孩子了！」接著摸我的肚子。「勸事祈禱了好久，多虧上帝的恩典，妳有了漂亮的孩子。」又再摸了我的肚子。

我皮笑肉不笑，虛應著：「是的，是的。」捧著肚子搖搖晃晃穿梭在人群間，僅僅只是經過，幾乎整個教會的人都摸過了我的肚子。

從頭到尾只走了十公尺，大概有二十個人摸我的肚子，我終於暴跳如雷對媽媽發火，她很驚訝，連她都無法摸自己女兒的肚子（因為我太兇），今天居然有這麼多人摸過，雖然很無奈，她仍提醒我要有禮貌。沒禮貌的應該不是我吧。在旁的爸爸還對著已經是成人且懷孕的女兒說，別人都摸過了，自己人摸一下不行嗎？肚子成為公共財的生活開始了嗎？

教會所謂的「家庭」是一個非常有趣的概念。教會經常強調家庭和睦，但解決家庭裡妻子受暴和兒童受虐的方法，卻是叫受害者寬恕加害的老公或養育者。雖然舉辦家庭月活動，但同性伴侶違反聖經，所以即使有這樣的家人，也被當作沒有，教會也無法理解獨居老人或不婚人士。教會認為孩子是因為某人不斷祈禱，因為上帝的恩典而產生，因此不孕家庭更需要祈禱和恩典，觸摸孕婦的身體（懷孕的女性不是主體，而是沒有人格也沒有感情的嬰兒儲存所）與其說是無禮，不如說是溫暖關心的表示。

現在的韓國教會認爲，如果想讓多元家庭型態消失，就該好好守護所謂的「正常家庭」，但事實上，他們連這點也做不好。

#遺忘的動物#記錄的意義——二〇一八年五月二十八日

懷孕初期，也就是幾個月前，我曾接受採訪，談論懷孕後身體發生的變化和在社會遇到的困難。今天收聽當時的錄音檔，因孕吐而受苦的那些日子完整地透過我的聲音再現。此時，覺得寫下「懷孕日記」眞是太好了。人類是一種善忘的動物，如果不是當下的感覺，無法確切感受到。這本日記可能只留下懷孕經歷過的傲慢，也可能是我未來的禮物。

記錄懷孕期間令人不愉快的話語和情況，也是出於同樣原因。是為了避免我所受到的不快再次轉嫁到別人身上。我並不認為那些人說那些話或做那些事的目的，是為了讓我不高興。但是，我認為懷孕當事人不需要不斷揣摩他人的意圖，也沒必要容忍無禮之人的辯解。如果連我自己都沒有回顧我的日記，說不定也會冒犯懷孕初期的孕婦，這真是件可怕的事。

#體重 #妊娠糖尿病 #妊娠肥胖——二〇一八年五月二十九日

每天早上一睜開眼睛，就馬上量體重，記錄每天的變化。原本體重是四十六公斤，懷孕二十三周後超過了五十二公斤。雖然也有人問我，懷孕的人會這麼瘦嗎，但我還是害怕到了中期體重只會不斷增加。人們不知道為什麼這麼希望我變胖。我則擔心妊娠性肥胖或妊娠糖尿病。

根據身體質量指數ＢＭＩ，每個人的建議體重都不同，我的情況是臨盆前適合增加十公斤左右。如果胖得少，嬰兒的養分就會不足；胖得多，孕婦或孩子就會罹患糖尿病。這樣可怕，那樣也可怕。我討厭別人叫我多吃一點，也厭惡被說會罹患糖尿病，要我不要再吃了。爲了孩子好的那些嘮叨讓我亂了方寸。

#各不相同的母愛敘事——二〇一八年五月三十日

如果以錄影模式拍攝胎動，就會看到肚子明顯在動。如同外觀所見，嬰兒移動時，母體會感到很大的衝擊。

其實，胎動並不像人們常說的那樣可愛或美好。以放鬆的姿勢躺著，有意識地等待胎動，會覺得孩子能自己移動很有趣，但在公司專心工作時，如果寶寶亂動，就會很痛苦，令人煩躁。

我最近經常想到母愛。每天觀察胎動，感受生命的奧祕，透過這些過程，母愛似乎也在我體內胎動。我認爲，母愛並非一懷孕就會自動產生，而是以自己專屬的特殊視角觀察子宮內胎兒的移動，並在煩惱孩子的成長，決定孩子相關事務等各種體驗下產生。每個人醞釀母愛的方式都不同，因此我們必須認同各種母愛敘事。

#半份濃縮咖啡#志同道合——二〇一八年六月一日

在之前偶爾會去的咖啡店點了拿鐵，店員看了我一眼，問：「是半份濃縮咖啡對吧？」一旁同事就說：「喔，你很了解嘛！」店員回答：「因爲孕婦都會要求減少濃度。」

雖說一杯咖啡對孕婦或嬰兒沒有問題，但包括我在內的孕婦都會很小心、很克制。我是指我們會選擇克制。

店員這句孕婦都會要求減少咖啡因濃度的話，讓我有志同道合的感覺。這群在各處不放棄咖啡這項愛好、同時按自己的標準照顧孩子和身體的孕婦，讓我非常感動。有些人對懷孕婦女說，優先考慮腹中的孩子才是最重要的，有些則同情地表示懷孕後失去自己人生的孕婦眞可憐。令人驚訝的是，懷孕的女性在照顧腹中寶寶的同時，也懂得照顧自己，懂得享受幸福。我們不是懷孕的工具，而是人生的主體。

第24周

#胎教之旅 #找時間過專屬自己的生活——二〇一八年六月三日

我和老公出國旅行。這個時期，許多孕婦會以「胎教旅行」名義去旅行。因爲在孕吐結束，肚子還沒那麼大的孕期是最穩定的時期。計畫胎教旅行時，我發現與其說是胎教，不如說是我迫切且熱烈需要的旅行。這也許是孩子出生前，我和老公最後一次的兩人旅行，過了這時期，我沒有信心可以只爲自己而活。

看見許多和孩子一起來旅行的韓國家庭。一艘載著遊客去潛水的船上，一個大家庭的媽媽以嬰兒背帶抱著孩子，整個航程中，她一次也沒放下孩子。雖然不知道什麼原因，但孩子的爸爸或其他親戚理應偶爾接手的。那位媽媽應該也是付了費用搭船的，卻沒有任何裝備。

購物中心裡，一位帶著兩個小孩的媽媽，別說是購物了，因爲要平分零食和水給孩子就吃了不少苦頭。在媽媽分配東西的同時，爸爸急匆匆地跑遍購物中心，忙著四處收拾兩個孩子的東西。

孩子一出生似乎就意味著無法再有以前的生活、興趣、愛好、幸福。當然，也許會有新的、更好的人生，但無從得知究竟會是如何。胎教旅行是孩子出生前我能有自己生活的最後時光。

#視懷孕為缺陷的國家——二〇一八年六月四日

在韓國，孕婦這件事成了對我不利的缺點。我走得很慢很小心，人們不耐煩這樣的我。特別是在公共場所，因爲是弱者，所以更常縮著身體，也常常得看人們的眼色。但在這裡，我感受到鼓起肚子是一種福氣。當地人會說：「喔，是寶寶！Oh, baby!」歡迎我這個外國人，並傳遞祝福。老公和我手忙腳亂時，不論何時何地，當地人都會一邊說著：「喔，寶寶！」一邊欣然幫忙，並悄悄分享食物給我們。

在地鐵裡，因爲怕被攻擊，我總是很緊張。身體不如從前，無法大聲表達憤怒，也沒辦法敏捷地在人群間穿梭，我覺得這讓我成了弱勢者，但我只能無奈地承受。然而，在公民社會弱者就必須承擔痛苦，這像話嗎？

有些人說懷孕的我是「陰道廉價（陰道內射精）的應召女郎」，有些人則說我是「茫婚（莽撞結婚）後抱怨懷孕很辛苦的人」。有人說，每個母親都會經歷一段艱難的孕期，說我無病呻吟，也有人說我因爲自己的欲望懷孕，卻希望社會給予關懷，很自私。

幾天前，一位住在美國、和我差不多時期懷孕的朋友，上傳了與我的推特有關的文章，我讀著讀著突然很感慨。

HangangBochu

「懷孕日記」的推特主年紀和我差不多，我們都是有工作的孕婦。我們的不同之處只有生活的國家。

我在外面受到許多人照顧。事實上，只要稍微努力，其實可以自己坐下並起身，也能自己開門，購物時也能和其他人一樣站著排隊。但是，不認識的人會幫我開門，準備從椅子上站起來時，會有人問我：「要不要幫忙？」排隊時，前面的人也會問：「你要先結帳嗎？我可以再等一會兒。」他們都是第一次見到我，以後可能再也不會見面的人，卻只因為我是孕婦這個理由而關心、祝福我，並優先問我需不需要幫助。

職場上，也沒人視懷孕的我為負擔，即使我常常去廁所，也不需要看任何臉色。我縮短了工時，原本的工作中，需身體勞動的部分則由同事代勞。我狀態不好時，他們會幫我準備水，也會告訴我要多休息。然而，「懷孕日記」推特主所處的情況和我的情況截然不同。在那樣的氛圍下，韓國絕對無法擺脫低出生率，且連出生的孩子也很難成為健康的公民。

我已經習慣不關懷孕婦的社會，只因爲我生在韓國。在超市排隊可以先結帳？在公司有這樣的照顧？而我懷孕後卻彷彿成了罪人，過著被他人嫌棄的生活。

人們告訴我要更小心，只能說好話、想好事。他們說想要「順產」，就必須運動，所以不只要做事，也得多承擔重負。他們認爲適當的工作對孕婦有益，應該與懷孕前相同的工作量，但卻又說，有孕婦在，大家都會比較辛苦。

我經常問候那位同一時期懷孕的朋友，並聊聊懷孕的症狀。我們有很多共鳴，總是互相安慰，並彼此支持一起度過這個時期。但是她和我有一道無法跨越的屏障。

在韓國，孕婦的生活很悲慘。來自各方的叨念讓我很疲憊。我原本是戰鬥力十足的人，呑不下任何不愉快，但懷孕實在太吃力，不知何時開始我不再抗爭，忍氣呑聲的過日子。但身處這裡卻不同，雖然我還是個孕婦，但能享受適合自己節奏的旅行；雖然身體依舊不舒服，但在人們的款待和關懷下度過了非常愉快的時光。在這裡我是孕婦，我是弱者，但絲毫不是缺陷。

#我絕對不要那樣——二〇一八年六月七日

懷孕七個月後，胎動眞的如同字面的意思，是「胎兒在動」。孩子在肚子裡不斷活動，而我完整地感受到這個震動。有時會如心跳般短而規律的震動，但和用腳踢的感覺不同，後來才發現那是孩子在肚子裡打嗝。母體連這個都感受到了。

腹中寶寶喝了母體的羊水並排出，再以羊水的型態回流循環。羊水透過母體交換，最後流向我的膀胱。但寶寶持續壓住我的膀胱。只是喝一口水，都像憋了一整天尿，只好捧著膀胱往廁所跑。無法上廁所時，就不得不在不合適的地方失禮。

在公司裡，我常常不在座位上，所以看盡他人臉色。常聽那些已經生過小孩、卻認爲我的膀胱沒有發揮應有功能的女同事說：「妳去哪了？」「妳常常不在耶。」我起先覺得奇怪，後來才知道，她們懷孕時不曾因膀胱而不適。懷孕的經驗，每個人眞的都有很大的差異。

令人難過的是，她們現在知道了，也不諒解。她們懷孕時，在職場上也沒有得到照顧，都是獨自承擔，難道就覺得對晚輩也該如此嗎？難道她們都忘了當時的痛苦，覺得那不干她們的事？她們到底知道些什麼，居然會認爲我原本就是個喜歡跑廁所的人。

每當這個時候，我總會對自己說：「以後不要那樣。絕對不能對我的後輩重複這樣的惡行。」但不知道在忍受這種文化的同時，我能否繼續好好工作。懷孕後，職場生活變得更孤單了。

#沒有關心我的話#嘮叨——二〇一八年六月八日

胎教旅遊期間聽到很多嘮叨。懷孕這麼危險，還要去哪？這種胎教是什麼樣的胎教？認爲我只是找藉口，孩子出生後有許多需要花錢的地方，這樣做太不懂事。還有人說國內也有很多好地方可以去啊等等。我聽了許多懷孕前沒聽過的嘮叨。

人們覺得孕婦的生活很容易嗎？從大學開始，我每年一定會出國旅行一兩次。結婚後，更常出國，但會批評我的只有我媽，現在，周遭所有人都可以對這件事說三道四。難道我懷孕了，社會階級就突然下降了嗎？

仔細想想，不只胎教旅行，懷孕後各方面都可以聽到許多嘮叨。人們看似是擔心我，告訴我孕婦這樣不行、應該這樣、必須那樣等等，但這些傾洩而出的意見中，幾乎沒有眞正是爲了我而給的建議。這些人是不是一看到孕婦，就覺得有義務非嘮叨不可呢？

第7個月

對孕婦缺乏友善的國家

第25周

#育兒書 #爸爸在哪裡——二〇一八年六月十日

肚子越來越大，連帶本書出門都覺得吃力，只能用電子書閱讀器看書，似乎好久沒看紙本書了，於是就到書店看看。人生首次逛育兒書區，就發現了驚人的事。大部分的育兒書中，養育者只有「媽媽」，很難找到「爸爸」這個單字。

喔，原來孩子是媽媽一個人創造的，是媽媽一個人生的，也是媽媽獨自養育的。

#唇疱疹 #遺傳 #免疫——二〇一八年六月十一日

雖然沒有過分勞累，嘴唇上卻長了米粒般的疹子。感覺像是唇疱疹，但不是突起的水泡，所以先去了藥局。藥劑師表示孕婦用藥得非常小心，所以沒有給藥膏，而是要我好好清潔和保濕，如果還是沒好，就去醫院看看。免疫力下降的孕婦往往會長唇疱疹，所以我很擔心。

在一整天做實驗、寫論文的研究生時期，疲累是家常便飯，即使長唇疱疹也沒什麼大不了的，塗上藥膏，熬過艱困，不管之後如何，還是能繼續過日子；懷孕後，卻覺得唇疱疹完全是兩回事。懷孕後，免疫系統容易被破壞，所以常常會長唇疱疹，但孕婦無法搽藥，母體的唇疱疹可能會傳染給胎兒，對嬰兒的免疫也會產生輕微影響，這些都不是能輕鬆面對的事[22]。

22原註：〈免疫力低下的警訊「疱疹」，唇疱疹和水泡〉，《Hidoc》，二〇一七年十月二十六日。

Zizisky

我的嘴唇周圍也一直在長疱疹，幾乎每兩個月就復發一次。只能把臉洗乾淨後貼上人工皮。懷孕真的是……經歷過懷孕、生產、育兒的朋友都說，孩子在肚子裡是最好的時候，但我一點共鳴都沒有。我希望盡快健康的結束孕期。

#讓彼此互相討厭的體制——二〇一八年六月十二日

韓國不僅投入前所未有的預算，還製作、展示了「適孕年齡女性」的人口分布圖。可見國家非常重視「適孕年齡女性」的生育。我上班的公司有許多所謂「適孕年齡女性」，因此不難看到孕婦。但是，我無法理解公司的體制怎麼會是這樣。

最近是公司工作繁忙的時期，辦公室裡連深夜或周末都還擠滿了人。根據勞動基準法第七十四條，孕婦禁止加班，不過孕婦雖然因此得到準時下班的保障，卻無法不被同事討厭。我停職後，誰會願意接我的業務呢？工作總量沒有改變，但人力減少時，人們不會是從體制上尋找原因，而是從造成業務空出的人身上，把錯歸咎於這些人。然而，問題的原因和解決方法都在體制上。在公司不聘用育嬰休假者的代替人力之下，自行尋找不是件容易的事。

公司內到處都有人問我什麼時候開始休產假。我因爲身體虛弱，所以很早就想休息，但也很難隨心所欲的決定。無論什麼時候開始休假，分配到的時間都是產假九十天，育嬰假一年，共一年三個月。早休假早復職，晚休假晚復職。雖然能在規定的時間休息，但是無法隨心所欲決定何時開始，因爲如果我不在了，同事們馬上就會感到困擾。

產假在預產期前最多可使用四十四天，這是爲了保障產後能休四十五天。我婉轉地提出想提早休產假，結果卻被反問：「離生產還有一個半月，妳怎麼這麼快就要休假？」上司還誇耀的說：「有員工甚至在加班回家的路上生了孩子。」

公司保障產假和育嬰假，我們單位休育嬰假的前輩都順利的復職了，據我所知，復職以後也沒有因此吃虧。有子女的女性員工很多，公司對內對外都以此爲榮。但是，公司不雇用育嬰停職者的替代人力，請假的人需要自己打聽誰願意在請假後接手業務。公司雖然保障產假，卻要在臨近生產時，才讓我們開始休假，這根本就是金玉其外。

公司眞的就只是守法。這樣的體制讓員工彼此厭惡，藉由互相啃食勞動力來維持公司運作。

#子宮圓韌帶疼痛 #孩子健康——二〇一八年六月十四日

固定子宮的韌帶，也就是圓韌帶，痛到非常嚴重的程度，連躺在床上都痛苦，即使只是稍微動一下，兩邊屁股都會痛到讓我不禁哀嚎。沒有老公的幫助，我無法側躺，也沒辦法起身。似乎也不是做伸展運動或瑜伽就能緩解。

今天在醫院，爲了做超音波檢查躺在床上，起身時也因爲韌帶疼痛而大叫，最後是老公把我整個人抬起來。主治醫生雖然同情我，卻沒有方法可以紓解我的疼痛。醫生說羊水、胎盤、胎兒頸部透明帶厚度（如果小於三公釐，就有緊急早產的危險）良好，寶寶的狀況符合周期的標準，長得很好。我因爲很不舒服，詢問醫生是否有緩解的方法，醫生只說：「寶寶很健康。」

一般人生病了會去看醫生，但如果孕婦去一般內外科，醫生不會好好診斷，只會告訴孕婦去婦產科請專家檢查。好不容易忍耐到婦產科進行定期產檢，但問及頭痛、肌肉痛、腹痛或唇疱疹等，主治醫生也只會說：「如果受不了，就吃泰諾特（止痛藥），好好休息。」肚子裡的孩子沒事，但醫生不會了解孕婦有多不舒服。孩子長得很好，但我總是不舒服。

Yourd

寶寶長得好，只代表媽媽的身體在硬撐吧。ㅠㅠ我記得從懷孕初期就為環跳穴[23]疼痛所苦，有一個禮拜根本動不了，連上洗手間都要老公背。因為不是所有人都經歷過這樣的困難，所以即使告訴周遭的人，他們也不了解，去醫院，醫生只會叫我躺著休息。很悶吧。ㅠㅠ

#費盡力氣#子宮脫垂——二〇一八年六月十五日

今天一整天走路都慢吞吞的。好像子宮內的石塊重重的壓著陰道和肛門，所以很不舒服，但也不能因爲這樣就扶著下體走路。向有生產經驗的同事說這個症狀，她表示那就是「脫肛」。聽說有些人在產後變嚴重，有些人則經常在月經來時發生。

不久前聽說眞的有孕婦在生產時脫肛（子宮脫出症候群，或稱子宮脫垂。症狀爲子宮從原本的位置脫出，主要原因是懷孕和老化[24]），導致子宮和孩子一起排出，感覺一股恐懼襲來。十五周以後，觸摸陰道發現似乎變腫了，可能是子宮下沉引起。子宮脫垂是陌生且不愉快的經驗。

23 譯註：位於兩側臀部正中央。

24 原註：〈子宮脫垂該如何治療〉，《BabyNews》，二〇一七年二月十七日。

每當下班搭乘的公車顛簸駛過減速丘時，子宮感覺快從陰道掉出來。我現在舒服地坐在又寬又大的椅子上，但想到那些正在無人讓座的大眾運輸上辛苦回家的其他孕婦，就覺得心酸。

第26周

#臀部疼痛 #無知——二〇一八年六月十七日

屁股痛得厲害，扶著老公一瘸一拐的走著。很多生產過或和我差不多時期懷孕的熟人都不了解屁股疼痛的情況，越發感受到懷孕和生產經驗眞的是非常多樣。

令人驚訝的是，每當解釋孩子在肚子裡長大後，我身體的種種變化，爲什麼屁股會痛，即使沒有經歷過相同情況，大部分女性仍會有共鳴，也都大略知道是哪裡痛，但周圍的男性都會建議我做運動或伸展。韌帶拉長時不能運動是常識，但懷孕的女性卻常被嘮叨一定要運動。換成踢足球傷到了腳踝，別人卻督促你不要因此就不活動，要去丟個廚餘啊去茶水間泡個咖啡啊才能快點好起來，你的心情會如何呢？

即使向這些男性詳細說明我的臀部不是肌肉緊繃，而是韌帶拉長，他們也不願意聽。我的肚子看起來是很小，卻得生氣的請他們想想看，三十五公分長的孩子正在我的肚子裡，占了肚子多少空間，才能從他們嘴裡聽到：「啊，原來是這樣啊！」

同樣因爲環跳穴阻塞（誘發骨質疏鬆症。懷孕期間骨盆、恥骨、腰部、臀部等疼痛時，孕婦們稱爲「環跳穴阻塞」）而痛苦不已的過來人，建議我買運動貼布，一邊看部落格一邊貼。希望貼了貼布緩和疼痛，今晚睡覺肚子變緊繃時，我可以左、右輪流側躺。之前只要一動，屁股就會痛，即使肚子緊繃也沒辦法翻身。

#生產後才會改善 #每個女人懷孕都會痛——二〇一八年六月十九日

按摩、貼運動貼布、伸展、瑜伽都無法緩解我臀部的疼痛。四處打聽，也上網搜尋，但答案始終如一：

「小孩生出來後就會好了。」

很多人在生產幾個月後都沒有好轉，所以很痛苦，難道眞的沒有辦法緩解疼痛嗎？

最近工作時，經常因爲肚子緊繃去看醫生。因爲之前定期檢查時，醫院告知了幾個事項，表示如果屬於這幾種情況，不管白天或晚上，都要立即就醫。因爲恥骨很痛，坐或站都是苦差事，當然走路更不用說了，我痛到想坐嬰兒車的地步，但肚子隨時都是緊繃的，即使保持不動也很難受。

好不容易請了病假去醫院，偏偏我的主治醫生休診，只好給其他醫生看診。這位醫生雖然不太了解我的情況，但聽完我的描述後，他這樣說：

「每個女人懷孕都會痛。每個孕婦一不舒服就請病假來醫院，那工作誰來做？」

他眞的是在擔心公司行號業務的正常運作嗎？比起懷孕身體不舒服的我，他根本不認識的公司更重要嗎？難道他是我們的董事？我只是想知道我的子宮是否眞的一直在收縮，這個收縮是不是已經到了危險的地步，也希望能稍微緩解令人厭煩的恥骨痛。

基本上，我很信任醫療服務人員。其他人也許不會有這樣的信任，但我相信醫療人員會盡全力提供醫療知識和技術，所以才去了醫院。但不管怎麼想，這次經歷還是很奇怪。

醫療人員居然說懷孕本來就會痛，問我爲什麼來醫院。我是痛到已經妨礙工作了才去醫院，但是，醫療人員居然說這樣的疼痛理所當然，爲什麼來醫院。

他沒有確認子宮收縮的程度，和胎兒頸部透明帶厚度，只花三分鐘說還有很多痛得比我更嚴重的孕婦，懷孕都會不舒服，所以沒什麼可以幫我的。事實上，我的症狀確實可能無法治療。但他的一席話讓我無法不對整個婦產科失望。

我很受傷。其他孕婦也聽過醫療人員對自己說懷孕都會不舒服，所以婦產科沒什麼可幫忙的嗎？現在的我沒有力氣戰勝這種無力感。難道我真的只是嬰兒工廠嗎？孩子越大，這個工廠狀況越糟，也越沒有價值，但誰也不想修復，因為工廠就只是工廠。

Huilin

我靠運動貼布度過孕期。懷孕、生產對我來說還不是問題，反而是哺乳和育兒的過程中，孩子越來越重，我的姿勢也越來越扭曲。寶寶稍微大一點，就會像導彈一樣發射自己的身體突擊媽媽的胸部、肩膀、膝蓋等，所以身邊不乏肋骨骨折的媽媽、手腕骨折的媽媽、因為膝蓋十字韌帶破裂動手術的媽媽……

#助長不生 #懷孕謠言——二〇一八年六月二十一日

一位由於妻子不想懷孕所以一直沒有子女的男同事和我吵架。只因爲我向他訴說懷孕和生產對女性身體的破壞有多大，生產過程中，女性的選擇多麼有限，社會強求的母愛會壓迫多少女性等等，他憤怒的反問爲什麼我只說不好的部分。

他認爲，如果我想用負面謠言助長不生，那乾脆什麼都不要說，他的妻子執意不生孩子，就是因爲周圍的人只說有關懷孕和生產的壞話。他覺得都是我這種人的錯。我對他把女性的親身經歷當作「謠言」感到惱火，更因為他無視妻子主體判斷和決定的態度，怒氣沖沖的批了他一頓。但我的肚子卻在這時突然緊繃，害我立即抱著肚子喊：「哎呀，我的肚子。」也忍不住笑了出來。可惜該發的火都沒發完。孕婦連發個火都做不到。

懷孕後，看著痛苦的自己已經數個月，但對要求妻子懷孕的人來說，我似乎說什麼都沒用。與懷孕生產有關的真實故事多麼不足，且不夠詳細，連我自己也多次受騙，因而痛到發抖！

這並不意味著我後悔懷孕的決定，但不可否認的，有關懷孕、生產的資訊是有限的。我並不希望助長不生，只希望更多女性能夠了解現實，以大量資訊為基礎來決定自己的人生。因為女性的身體是女性的，女性的生活是女性的。

第27周

#尾椎疼痛 #滑倒——二〇一八年六月二十三日

上廁所時，一腳踩在濕滑的地板上打滑，如果是懷孕前的我應該可以馬上靈巧地站起來，但隨著重心移動，另一隻腿的膝蓋一彎，屁股就這樣砰地一聲直接撞到地板。雖然是瞬間發生的事情，但沉重的身體卻絲毫無法控制這一連串的過程。之前即使不動，臀部也會痛，現在連尾椎都在抽痛。

廁所的地板濕滑不是一天兩天的事，像這樣滑倒卻是第一次。多年來，長時間搭乘大眾運輸，顛簸中成了抓穩重心高手的我，沒想到竟然如此無奈的滑倒。不受控制的身體受傷了，尾椎痛得難受。我應該去看醫生，但如果醫院又不幫孕婦做任何處置，我可能會哭。

#只有止痛藥 #沒有病歷號碼 #沒有診斷書——二〇一八年六月二十六日

在廁所滑倒摔了屁股，因為尾椎疼痛而服用止痛藥泰諾特。當時抱著一絲希望就醫，醫院果然表示沒有可以協助的治療，只建議服用泰諾特。醫院表示，即使懷孕，一天最多可以服用六顆。即使是最尖端的現代醫學，也將孕婦排除在外。

一般的韓醫院也說無法治療孕婦，所以我前往專門醫治孕婦的韓醫院。既然招牌寫著專治孕婦，理應不會打發我才是，但他們說孕婦不能針灸，只在患處扎三、四根針，孕婦往往沒有感覺，想要有療效，就要花上比一般人多三、四倍的時間。除此之外，沒有其他建議。感覺醫生對懷孕的患者很不耐煩。既然以孕婦為看診對象，不是就應該協助受孕或懷孕的持續，或者觀察妊娠瘙癢症等相關的疾病。

無論西醫或是韓醫，醫療人員看到我，總會問我身體都這樣了，怎麼還能工作，有些醫生甚至責備我。因此，我想如果接受三、四天治療，好好休息，也不會少塊肉，就詢問是否能開立診斷書，但他們回應沒有這樣的病名代號，而且懷孕本來就是會不舒服，所以不能開診斷書給我。如果是這樣的話，爲何還要責備我用這樣的身體去上班呢？越是了解孕婦的世界越覺得不可思議且悲哀。

Happiestcat

我記得之前懷孕的時候，也因為手腕疼去看整形外科，他們說因為我是孕婦所以不能照X光片，因此沒有什麼能幫我的，真的很荒唐……

Hina

醫院的這種態度真的很讓人生氣。成為孕婦後，物理治療的強度變很弱，也不能針灸。真的什麼都不能做。到底誰比較重要……肚子裡的寶寶雖然很重要，但為了排除一切可能對寶寶造成的衝擊，孕婦的身體卻變得千瘡百孔。ㅠㅠ

#胎兒打嗝 #克制自己的想法——二〇一八年六月二十八日

最近出現了所謂「胎兒打嗝」的情況。這是胎動的一種，但更有規律。雖然被稱爲打嗝，但不知道是不是眞的打嗝，總之，產婦會有打嗝的感覺。這不是所有孕婦都會經歷的事情，原因也不清楚。雖然有些研究主張這與胎兒的肺部發育有關，但從未得到證實，據說也可能來自嬰兒的橫膈膜運動，或只是日常胎動的一環[25]。

這幾天因爲寶寶打嗝，我睡得很不好。即使舒服的躺著，也很容易感覺到寶寶的小動作，這時如果寶寶開始打嗝，就會很痛苦，有一種被寶寶的打嗝束縛的感覺。胎兒打嗝的感覺，就像是有人在我體內每隔一秒嘟嘟刺激丹田。「嘟嘟」聽起來很可愛，實際上是一種痛。像是心臟在丹田強烈跳動，讓人厭煩。

今天一樣睡不著。老公想感受一下寶寶打嗝，摸了摸我的肚子後覺得我很可憐。連續一個多鐘頭，寶寶每秒鐘都在打嗝，中間還不時有大動作，連伸手摸我肚子的老公都嚇一跳，同一時間我則痛得大叫。

雖然寶寶在肚子裡打嗝只會讓我覺得痛苦，但就像往常一樣，也擔心孩子感受到我因爲他的自然成長與動作而苦惱，所以只能盡量克制自己的想法。活到現在，不曾有過這樣的經歷，所以很難解釋。如果說我被他人控制，這話合理嗎？將肚子裡的孩子稱爲他人也不是恰當的說法。

我很想見見一面倒呈現胎動可愛且充滿愛的媒體製作人。尤其是男人的話，我絕不放過。

#上班到生產#不然辭職#孕婦過勞——二〇一八年六月二十九日

懷孕生產群組中，常看見直到生產前一天都還在上班的孕婦。雖然會有人憤怒的質疑懷孕初期就因嚴重孕吐而疲勞，怎麼有辦法繼續上班直到生產，但對不被認爲是特殊狀況、必須工作的孕婦來說，現實就是只能「辭職」和「上班直到生產」二選一。

---

25 原註："What causes hiccups in babies in the womb?", *Medical News Today*, 二〇一八年七月四日。

雖然有爲產婦制定的制度，但難以適用於個別案例。產假自預產期算起，最多只能使用四十四天，且因爲懷孕不是疾病，不被視爲特殊情況，所以也不能使用病假。

辭職呢？選擇辭職雖然有各種不同理由，但多數公司鼓勵辭職。就有孕婦控訴「公司無法向我保證產假和育嬰假，這將會很辛苦，所以提早辭職」等隱形或公開的壓迫。肚子像南山一樣大時，不只胎動得厲害，腿部浮腫，骨盤韌帶拉長，脊椎也持續被往後壓。即便如此，仍常常聽到必須站著工作的服務業孕婦訴說痛苦的故事。辭職說得容易，辭職後的生活幾乎沒有保障。

剛開始我對讓懷孕後期的孕婦站著工作的主管感到憤怒，但反覆思考，我認爲關於女性受壓迫的情況，以及女性權利相關的討論不該如此單純。怪罪主管不道德容易，實際上該負責任的是沒有公共支援的社會。在不保障孕婦和扶養孩子的人力，無法使孕婦不工作也能維持日常生活的社會，不會對女性辭職和停職的控訴負責。

我之前從未想過自己會懷孕，所以當時無法理解大著肚子上班的女性。她們看起來很辛苦，我希望她們可以稍微休息一下。懷孕初期看著上班直到生產的女性，心裡覺得她們很偉大，但直到身處同樣狀態才領悟，那樣的上班是被壓榨，不是偉大。是爲了生存。

孕婦也需要生活，即使懷孕，也和懷孕前一樣要吃飯穿衣繳稅。因此，許多孕婦不得不選擇勞動到生產前一天。這不是體力好，也不是貪婪，是爲了活下去。

公司希望藉由熟練的人熟練的勞動創造利潤。因辭職或停職造成的業務空出被視爲損害。認知到孕婦的勞動可能對孕婦的身體或胎兒造成很大影響的人們指責公司或組織的結構問題，實際上，業務空出之利箭大部分仍由孕婦承受。

我的公司正處於業務繁忙階段，所有員工都很辛苦忙碌，健康的人也會筋疲力盡。我首次擔心起腹中的孩子。只要身體疲勞疼痛，我就會想到孩子可能會在過勞中死亡，因而害怕得心臟漏跳一拍。

現在，身邊的人如果膚淺的問我爲什麼不停職，爲什麼不辭職，我會很生氣。他們不關心即使可能過勞、流產也不得不工作的孕婦處境。他們不問讓孕婦過勞的社會責任，反而指責不「爲了孩子」大膽的向主管提出辭職的我。他們只是有話直說，但說的卻都是奇怪且矛盾的話。

懷孕後，我在公司經歷了許多困難。單是懷孕就在公司看盡他人臉色，也難以找到機會提出停職，停職後，公司不聘職務代理人，我必須自己找；每次身體不舒服時，都需要看人臉色才能早退或休假，我必須獨自奮鬥，沒有所謂的支援體制。

繼續這樣工作，我和孩子可能都會死。同事們開了惡劣的玩笑，說工作多時，孕婦也應該在夜間和周末加班，對此我只能勉強擠出笑容。孕婦的休息權低落或許正源於認爲懷孕只是女性的事。

Sunyaa

我不知道我們公司會不會給產假，但確定不會有育嬰假，我當時沒辦法辭職，所以在最辛苦的懷孕初期上班，一直到辭職。其他人批評我居然在公司最忙的時候懷孕，叫我選個人接手，趕快交接辭職，但我一直折騰到第二十周才得以辭職。

Nariel

記得我在懷孕第三十五周的第五天生了第一個孩子，因為工作無法順利交接，產後第三十七天還為了交接把孩子託給保母。當時提到要休育嬰假，大家只叫我不要開玩笑。本來還很慶幸沒挨罵，現在一想到這件事就生氣。這個世界還是一樣糟。

第8個月

害怕生小孩

第28周

#我的器官 #都沒問題嗎？——二〇一八年六月三十日

懷孕八個月了。隨著懷孕周數增加，嬰兒在肚子裡動得越是厲害，不知道我的器官是否真的都沒問題。最近只希望孩子和我都能健康的度過剩下的三個月。大家開口閉口都是「寶寶，寶寶」，毫不關心懷孕的身體是否辛苦。

#孕婦優惠 #真的是優惠？——二〇一八年七月二日

在韓國，懷孕後可以享有幾項「孕婦優惠」。孕婦接受健保給付的門診醫療時，保健福利部可提供減免百分之二十自費額；搭乘KTX（韓國高鐵）時，韓國高鐵提供經濟艙升等商務艙服務；出境時，機場提供「快速通關」，並協助加快審查。

即使身體多處疼痛，去了醫院，醫生也只會說「孩子很健康」，我無法得到任何治療。向朋友訴苦，聊起孕婦優惠。她說，她懷孕期間腰部受傷，到醫院檢查，但醫院只告訴她產後再來，付了一千韓元醫療費後，醫院就請她離開了，即使找到孕婦能做的治療，大部分也都是非補助項目，因此不適用「孕婦優惠」。懷孕生產群組裡，許多人都在討論「孕婦優惠」的醫療費可能比較低，且沒有孕婦眞正可以獲益的治療，因爲醫學上，相較於孕婦，她肚子裡的胎兒更重要。

得知「心情舒暢的KTX」這個孕婦優惠後，想和老公搭乘KTX到釜山旅遊，但馬上就放棄了。雖然可以用經濟艙的價格搭乘商務艙是一種優惠，事實上，很多孕婦都無法搭乘大眾運輸到遠方。也許ＫＴＸ在時間和費用上都很實惠，但對於孕婦來說，仍是愛莫能助。

仁川機場公社爲了照顧交通弱勢者，發放了「fast track」，並表明這是「孕婦優惠」，實在讓人覺得悲哀。將這種因公民意識不足而產生的孕婦照顧制度化，還眞是慷慨。長時間排隊對孕婦是件非常吃力的事，沒有這種常識的社會，連這點都能成爲特殊優惠。

Ayu

我住在京畿北部地區，到附近的火車站需要五十六分鐘。本來想使用「心情舒暢的ＫＴＸ」優惠方案，但火車站要我證明我是孕婦。我也問了附近的地鐵站是否沒證明就不能使用優惠，對方表示不行。如果要證明自己是孕婦，我得再花五十分鐘以上的時間回去拿孕婦手冊，實在很不合理。為了證明懷孕，必須出示「孕婦手冊」，或親自「展示」突起的肚子，也太老套了吧。

匿名

「心情舒暢的KTX」也可用APP（Korail Talk）訂購。但是，不允許站內預購，需要先在車站登記自己是孕婦才能使用。我想搭乘的時段旅客很多，停靠站少，所以很難使用「心情舒暢的KTX」買到快速往返的列車。搜索一般的預購和「心情舒暢的KTX」的預購時間表，很容易就能確認這點，從各個方面來看，我覺得這算是優惠政策。

#生產恐懼 #母愛死亡 #母愛嫌惡——二〇一八年七月三日

越接近預產期，我對生產的恐懼越是強烈。連聽到生孩子的故事都怕得直掉眼淚。對身邊的人來說，這種恐懼似乎沒什麼大不了的，大家都說是「一瞬間的事」、「總會生出來的」，但即使流著淚與從軍的弟弟告別時，我仍思考著生產當真這麼容易。

雖然對高危險產婦的協助，使近幾年的產婦死亡率（每十萬名新生兒中產婦死亡的人數）逐漸減少，但是韓國的產婦死亡率仍然高於經濟合作暨發展組織（OECD）國家的平均（從二〇〇〇年到二〇一五年，OECD國家的平均產婦死亡率減少了三十七％，韓國減少了四十六％。二〇一五年韓國的產婦死亡率是每十萬名新生兒中有九名，當時OECD國家的平均數是八名[26]）。唯有提到生孩子時死去的產婦，才確切描述生孩子的可怕。我害怕生孩子的整個過程。

本以爲可以輕鬆上課的孕婦瑜伽課程與期待的有所不同，只教生產時所需的順產輔助動作。瑜伽老師說明生孩子的過程，以及過程中需要的呼吸、運動、出力方法，光聽就覺得筋疲力盡，信心似乎也崩潰了。

子宮口要開多大，無痛針何時可以注射，會陰何時裂開，又爲何裂開，產前灌腸後會發生什麼事……初次生產，從未學過生產過程的孕婦聽到實際生產必須經歷這麼多困難，紛紛害怕得流淚。但看到自己害怕生孩子的樣子，讓我覺得羞愧。

在計畫生孩子之前，我是否應該承諾坦然接受這一切，但我認爲即使不這樣承諾，害怕生孩子也是自然的，向任何人傾訴都應該得到尊重。之前不知道子宮口打開十公釐左右，會陰會裂開，死亡般的陣痛可能持續二十四小時。這不是幻想，而是即將面臨的現實。

社會上，孕婦如果害怕生小孩，母愛就會被看輕，也會被貶得一文不值，如果孕婦能克服恐懼，忍受痛苦，完成生育，人們就會稱讚

26 原註：OECD Health Statistics 2018, WHO; Health at a Glance: Asia/Pacific 2018。

其母愛的力量。我認爲這兩種都是「母愛嫌惡」。母愛不是他人可以評斷的。所有生育都是特別的，每個孕婦都有不同的母愛。

以目前的情況來看，再沒有這句話來得貼切。

「生小孩好可怕。」

Tangsooyuk

人類經歷的痛苦中，最痛的不就是生產嗎？但是，連生產的人都說「那是一瞬間的事」，或「看到孩子就全忘了」這種話，是不是為了堵住產婦的嘴或灌輸這種想法？當然我也沒有經驗，只是推測而已。我的朋友也生了兩個孩子，每次去月子中心找她，她的眼神都顯得有些不正常，也會滔滔不絕講各種平時不會說的生理現象。後來，她很不好意思的告訴我，當時是因為荷爾蒙失調。因此，我認為生產過的人也應思考生產會帶來什麼樣的創傷。現在仔細想想，我認為把生育的過程視為「為了成為媽媽的必經過程」，並試圖抹去真正恐怖的記憶，這樣的惡行可能由來已久。

不得不在只把懷孕和生產視為「美麗」的社會裡度過孕期並且生產的人，心情是如何呢？我只是胖了幾公斤，行動就變吃力，孕婦卻得承受二十公斤的重量，以及無法避免他人視線和關心的負擔。

我想起了小說《伊加利亞的女兒們》。烏姆的生產是一個偉大的過程，一個毫無掩飾的世界。所有的烏姆都靜靜的為育兒做準備，安靜地等待。如果種族繁殖那麼重要，為什麼對懷孕和生育如此遮遮掩掩，連作為生育主體的女性所訴說的經驗也得隱藏起來呢？

#聲討#幻滅 #我的生活不正常——二〇一八年七月四日

地鐵仍是個有趣的空間。即使看到大腹便便的我，坐在孕婦座上的年輕男子還是繼續玩著手機遊戲。一旁的老奶奶坐立不安，把座位讓給我。我們互相推辭，男子看了我們一眼，又繼續玩遊戲。我覺得他眞的很了不起。地鐵搭久了，眞覺得這裡充滿了有趣且神奇的人。

今天也覺得似乎會因爲過勞而倒下。下班路上巧遇上司，想和他打個招呼，但是卻發不出聲音。身體耗竭了。

我一隻手扶著扶手，另一隻手摸著凌亂的頭髮和緊繃的肚子，艱難的站在孕婦座前。這生活太煩，太令人絕望了。

同事或來來往往的陌生人常常說我太誇張，或嫌我的訴苦讓人很煩，因此生活中最常感受到的是厭煩和幻滅，但這樣的情況是不正常的。不只如此，我的整個生活都不正常。

#懷孕後期 #腿抽筋——二〇一八年七月五日

腿部抽筋的強度越來越強。自懷孕中期開始，經常睡到一半就抽筋，所以自認已經是緩解抽筋的達人，但懷孕後期的腿部抽筋卻和之前不同，實在太痛了。不是慢慢抽筋，而是讓人措手不及，同時腿也像要裂開了。

我一抽筋就會急著叫醒老公。老公似乎也很熟悉了，總是熟練的幫忙緩解，但老公昨晚不在家，我只能哭著自己來。肚子只要變緊繃就無法動彈，搆不到腿，也無法起身。爲什麼每天都如此辛苦。

第29周

#不是虛構，是真的——二〇一八年七月十日

不搭地鐵了。地鐵上的人實在太討厭了。

昨天，一名中年男子坐在孕婦座上。我站在他面前，由於沒有空的拉環可以拉，只好扶著拉環的頂端，但右邊抓著拉環的男子卻搖晃著拉環讓我抓不到。左邊的人則用包包推擠我的肚子，讓我沒有站的空間。我繼續盯著坐在孕婦座上的男子。他與我多次對視，但打量我的肚子，看了我一眼又繼續做自己的事。坐在他旁邊的人過意不去，以眼神示意要讓座給我，但我右邊試圖讓我沒辦法抓到拉環的男子卻用包包推開我，坐到那位置上。讓座給我的男子和我尷尬的笑了笑，

或許直到這時，剛剛坐到讓座位置上的人才了解了情況，再把位置空出來。而坐在孕婦座上的男子下車，三個人都有了位置坐。他們都不是孕婦，即使坐在肚子突起的孕婦旁邊，似乎也不覺得奇怪，但我真覺得整個過程很詭異。

今天下班路上遇到了同事，一起搭地鐵。同事說我應該坐著，趕忙把我帶到孕婦座前。

「不會有人讓座的。」

「哎呀，肚子都這麼大了，怎麼可能沒人讓座？」

坐在孕婦座上的年輕男子正戴著耳機看影片。

「看吧。坐在這裡的人也不在意站在面前的人是誰。」

「坐在孕婦座上的人都不怎麼讓座的。」

「常常都是那樣。」

「人怎麼能那樣！」

「即使站在他們面前，他們也裝作不知道。」

我和同事討論著。

但孕婦座上的年輕男子卻完全不在意。雖然可能是他戴著耳機聽不到，反正我也不抱期待，只有不了解這種現實情況的同事十分驚訝。許多人認爲只有坐在孕婦座的非孕婦會是壞人，但只有這些人缺乏關懷嗎？事實上所有人都缺乏關懷。其他座位上的人只會期待孕婦座上的人讓位，難道你們就可以不用讓座嗎？

我的文章中有「虛構的（fiction）」人。但這些事在懷孕生產群組中也不是特例。你們是不是都閉上眼睛，捂住耳朵過日子呢？

#急診室#抗生素#受騙懷孕——二〇一八年七月十三日

一整個晚上，從心窩到整個胸口都悶得發慌。聽說孩子如果從肚子下方移動到肚子上方，可能會壓住胸口，雖然了解這是自然的懷孕症狀，也一直在忍耐，但我連手臂都麻掉了，後頸也出現了未曾有過的嚴重疼痛，眞的很詭異。更嚴重的是，因爲胸口實在太痛，根本無法入睡，最終在凌晨去了急診室。

懷孕後，身體常常不舒服，因此經常遲到或早退，也常曠職。想到這次又休息，可能會影響考績，我決定凌晨到醫院治療，今天無論如何都要準時上班。即使身體累垮了，孩子即將出世，還得擔心上班，讓我覺得很悲哀，但必須認眞工作賺錢才能活下去。

我抱著準時上班的想法，心急如焚，但醫院卻說，因爲我是孕婦，所以不能做任何檢查或治療。急診室的醫療人員喊我「那邊的孕婦」或是「啊，那個孕婦患者」，不是我的名字，而是以「孕婦」稱呼我，並不斷反覆說著「啊，看一下那個孕婦」、「啊，那個孕婦患者」、「孕婦不能吃藥」，或是告訴我「孕婦不能做那個檢查」。

我的胸口疼痛難耐，且突然發燒，醫護人員說必須退燒，並在我的身體各處放上冰袋。他們說不能給我退燒藥，只能這樣退燒。沒有進行特殊的藥物處置，只幫我打點滴，我一邊發抖一邊用冰袋冰敷，但燒一直沒退，醫生像是要說服我，告訴我現在要注射抗生素和退燒藥，雖然沒有研究結果顯示這些藥物對孕婦安全，但持續高燒對嬰兒更不好，所以勸我注射。

我是因爲胸口很痛、身體很虛弱才來醫院，一開始說藥物對寶寶不好，所以無法給藥，現在又說發燒對寶寶更不好，所以要我用藥？被現代醫學拋棄的經歷充滿整個孕期，但今天達到最高峰，醫護人員只在乎寶寶，我感受不到被尊重。

即使告訴醫療人員我到底爲什麼不舒服，哪裡有異常，他們也只會回答孕婦能做的只有驗血，所以我只能等待。等待期間，我不斷被疼痛折磨，但在注射了抗生素後，身體立刻好轉，並快速恢復，彷彿之前的疼痛是一場夢。想不通爲什麼現在才給這麼好的藥，實在很厭世。

我的燒就這樣退了，胸口的疼痛也消失了大半，醫院說沒能再幫我什麼了，並請我去婦產科，還說雖然會給一些消炎藥，但因爲我是孕婦，不能強迫我服用，如果選擇服藥，後果我必須自行承擔。

最後，我放棄上班，直接去婦產科。我期待婦產科醫生解釋我的症狀，並希望透過主治醫生的診斷擺脫復發的恐懼。醫生聽了我的描述後，做了超音波檢查，像往常一樣告訴我孩子的眼睛、鼻子、嘴巴都很可愛，也很健康。

「不，醫生，是我本人不舒服才來醫院的……」

主治醫生只說：「原來是媽媽不舒服啊，眞令人擔心，哎呀，這該怎麼辦？」

我現在還是不舒服，但沒辦法得知原因，也在煩惱該不該吃藥。

因爲在離開醫院的路上，看了研究結果[27]發現，如果懷孕期間服用抗生素，胎兒免疫力可能會變弱，罹患新生兒疾病的機率會顯著提高。如果在平時，我可能會批評這樣的研究結果是在責怪媽媽，但此刻卻眞心覺得害怕。

因爲免疫力低下而停止工作，正在與病魔奮戰的朋友聽到這件事後，覺得我懷孕後罹患併發症，卻不能休假，很可憐也很了不起。她說她和另一半一直在考慮懷孕的事，但沒有自信。我這樣回答她：

「我當時有辦法知道懷孕後會發生這麼多事嗎？我是上當受騙才懷孕的。」

眞的，我不知道懷孕後的眞實情況會是這樣。

---

27 原註：Miller et al., “Maternal antibiotic exposure during pregnancy and hospitalization with infection in offspring: a population, based cohort study”, *International Journal of Epidemiology*, 2018.

第30周

#首爾酷兒文化節 #傳遞嫌惡——二〇一八年七月十四日

從二〇一四年起，我每年都會參加首爾酷兒文化節。雖然今年因為大肚子，參加活動可能會很吃力，但為了和久違的朋友見面，順便做培養性別意識的眞正「胎教」，還是參加了在光化門舉辦的首爾酷兒文化節。到了活動現場，市政府廣場前的反對聲浪正盛，他們在酷兒文化節的入口高呼：「只有男女結合才能生小孩，生育是神聖的。」並表示結婚和生育是國家的資產和競爭力。這樣的想法眞的很奇怪，居然還說是聖經上的教誨？

七月的夏日早上，陽光炙熱，沉重的身體讓我很吃力，但看到反對勢力的遊行隊伍高舉「生育是如此美麗，孩子需要媽媽，也需要爸爸，胎兒的生命很珍貴」的標語，我憤怒不已。他們的聲音反而讓在「正常家庭」內擁有孩子的我更加不舒服。他們眞的關心過懷孕的女性嗎？把懷孕和生育作爲攻擊性少數者的工具，是不是因爲他們最輕視的是懷孕的女性和性少數者？我希望不要再把生育作爲承載嫌惡情緒的工具。

#沒有異常 #「自然的」痛苦——二〇一八年七月十五日

每當打噴嚏或擤鼻涕時，肚子就會變緊繃。稍微一走動，外陰部就會痛，摸起來又鼓又腫。外陰部，也就是包裹著性器官的外皮很痛，我覺得很奇怪，所以去醫院檢查，醫生說胎兒頸部厚度正常，嬰兒胎動良好，也沒有子宮收縮。嬰兒和產婦沒有任何異常。居然也只是自然的懷孕症狀！到底身體要壞到什麼程度孩子才會出世？

覺得自己的症狀似乎不正常時，與其到懷孕生產群組發問，獨自承受壓力，不如由婦產科專家確認沒問題來得安心，但回家路上我還是覺得不踏實。醫院說我沒有任何異常，但為什麼還是這麼難受、這麼痛？那麼，因為胎兒頭部厚度過薄、子宮頸閉鎖不全（因為子宮無力，提早打開，羊膜成氣球狀脫出，因而羊水破裂或早產的症狀）[28]，或子宮收縮而住院的孕婦該有多痛？她們的聲音都被埋沒在何處？

無數女性也在此刻懷孕生產，她們到底是怎麼辦到的？我們都是經女性子宮出生的，無一例外，每個人都是如此，為什麼這些女性的

28原註：〈子宮頸閉鎖不全，威脅孕婦和孩子的疾病〉，《醫學今日》，二〇一二年七月十日。

痛苦是理所當然的？爲什麼多數人會認爲懷孕和生產過程的痛苦只是「自然」過程之一？

#育嬰假難請#生產很容易——二〇一八年七月十八日

我很失望。和過去認爲在一定程度上可以聊心事的男前輩聊起生育相關話題，談到自己對生產恐懼時，他輕率地表示他的妻子生了兩個孩子，生產過程都很輕鬆，還說：「育兒才難，生產其實還好。」

很多產婦仍會在生孩子時死亡，即使生了孩子還能存活下來，就代表沒問題嗎？因爲生產而垮掉的身體不可能恢復得像以前一樣，我問男前輩這哪裡容易，他說「那樣生孩子的身體是最美麗的身體」。直到最後都這樣胡說八道。那麼，你會爲即將生產卻害怕的我加油嗎？

把母愛加諸在因生產而變形的身體，說這樣的身體是美麗的，我不認爲這有違女性主義，但應該是由生產當事人來說。生產當事人可以這樣爲自己的生育感到驕傲。在對身體的社會意識沒有改變的情況下，高喊已經垮掉的身體「body positive（肯定自己身體的『身體自愛』運動）」，即使是有過生育經驗的女性也不容易做到，男性卻居然敢議論「生育女性的美麗身體」，未免太狂妄了。

前輩表示，妻子懷孕時，他無微不至的加以照料，要我也像使喚奴隸一樣使喚老公。爲何如此傲慢？照料懷孕的妻子就意味著自己是奴隸？在妻子懷孕或育兒時，老公「代替」妻子做家事，很了不起、很難能可貴嗎？

老公到底有什麼了不起的？「體貼的幫助妻子的自己」，陷入這種自戀情結的老公實在令人輕蔑。「我還是如此深情愛著生完小孩、身體垮掉的妻子」，我希望這樣的譫想也能一併去死。

#肚子緊繃是日常 #上半身壓迫——二〇一八年七月十九日

肚子緊繃已經成了我的日常。之前，如果肚子變緊，我會如醫院所說，數一數一小時變緊幾次，之後的一個小時，則會繼續觀察肚子是否仍緊繃，現在，就隨它去吧。可能寶寶在肚子裡很悶吧。肚子變緊繃似乎就會流鼻血，事實上，即使不流鼻血，整個上半身也會有強烈的壓迫感，宛如體內的血液要從臉部的所有孔洞炸出來。

現在很難區分肚子變緊和胎動。孩子已經長這麼大了，憑我的感覺很難分辨孩子是在做伸展運動，手腳緊緊貼在子宮壁上，還是肚子變緊繃。當我用手按住變緊的部位時，變緊的部分會慢慢鬆開。如果肚子持續緊繃，就表示孩子可能快要出生了。

第31周

#家父長社會 #好老公 #「幫忙」做家事——二〇一八年七月二十一日

久沒聯絡的男前輩打電話來，聽說了我懷孕的消息，並祝賀我。他說他第一個孩子剛滿周歲，妻子就又懷了第二個孩子，自己爲了照顧妻子，過著下班後還得育兒做家事的辛苦日子，想必我的老公應該也爲此吃了很多苦吧。

身爲虔誠的基督教徒，他甚至還說出了這樣的話：「最近，我把老婆當上帝一樣侍奉，這可眞是天方夜譚啊！就像創世紀，神以話語創造天地般，老婆叫我洗碗我就趕緊清空碗槽，她叫我去洗衣服，我就趕快清空洗衣籃，不曾有過待洗的衣物。我老婆只要說話就能指揮整個家。即便如此，我還是因爲做得不好，一直挨罵。」

前輩並不知道那樣的話是在侮辱妻子。「爲了妻子全心全意地犧牲，即使這麼努力也要挨訓的我」有那麼高貴稀有嗎？有那麼了不起嗎？我對自認爲好老公的人感到失望，認爲自己與其他老公不同的這種優越感也非常可笑。

你們辛苦的「幫忙」育嬰和做家事，只是顯露你們認爲那「原本是妻子責任」的低級認知。妻子懷孕受苦是自然的，但我無法理解老公負責育嬰和做家事哪裡特殊且崇高。莫非覺得自己和妻子的地位不是平等的。「幫忙」做家事的老公最令人討厭。

男前輩們明明知道和我說這些不會聽到什麼好回應，爲什麼偏要對我說自己是「好老公」呢？在家父長制的社會，沒有所謂的「好老公」。無論個人再怎麼努力，在韓國出生長大的男性都無法擺脫韓國男人的特性。家父長制的社會就是如此。是否只能從認識並承認自己總是不勞而獲開始，光線才能照進通往「好老公」之路的洞穴？

#兩個心臟 #不能開空調的夏天——二〇一八年七月二十二日

天啊！眞的好熱。我的身體原本虛弱，連夏天都容易受寒，但今年夏天眞的太！熱！了！原本夏天也不怎麼喊熱的我說：「夜裡熱得睡不著。汗流浹背。實在太奇怪了！」養了兩個小孩的朋友則回應：「當然啦！畢竟身體裡有兩個心臟在跳動嘛！」

在夏天生產的朋友也表示，當時不論在室內或戶外都很熱，身體也發熱，但涼風一吹就不舒服，只好穿長袖長褲坐月子，度過了一段艱難的時期。她還說實在沒辦法待在無法把空調調冷一點的月子中心，只好穿著短袖到走廊涼快，不知道是不是因爲生產而裂開的骨頭吹到風，所以到現在都還會痠痛。

我以爲在寒冷的韓國，冬季生育的女性會更辛苦，但有生產經驗的大家反而常對預產期在夏天的孕婦說：「怎麼辦，妳可能會因爲天氣而受苦。」

懷孕會使基礎體溫升高。比我更熱的生命體正在我的體內成長著，以那樣的身軀迎接夏天，比任何時候都要嚴酷。如果產後要度過一個連空調都開不了的夏天，那眞的會想死。

#另一個人格#與孩子分離——二〇一八年七月二十四日

和我一起度過孕期的朋友剛生完孩子就寄來新生兒的照片。我一看到照片，就脫口而出：

「哇，眞的太像人了。」

直到現在，我還不怎麼感覺到肚子裡有個「人」，剛出生的嬰兒卻有完整的人的模樣。不論孩子怎麼動，我只覺得自己的肚子裡有個東西。

從出生那一刻起，孩子就會是獨立於我的個體。現在則還很難分離。一想到肚子裡有個個體正在成長，就感到負擔。雖然還是決定先顧好自己就好，但新生兒的照片一直在眼前提醒我寶寶的存在，讓我非常心煩。

#現在是最好的時候——二〇一八年七月二十五日

爸爸打電話給我。

「天氣很熱，妳肚子又大，應該很辛苦吧，但生了孩子之後會更累，現在才是最好的時候啊。」

爸爸懷孕過嗎？

會對懷孕、生產、育嬰提出意見的男性有個特徵，因爲妻子懷孕、生產，所以他們必須幫忙一些過去不做也沒關係的事，這些事他們也都是第一次做，所以很吃力，卻非常得意。爸爸還說我小時候幫我換尿布很辛苦，還是我在肚子裡時比較好。可是，我在媽媽肚子裡，爸爸很好，媽媽卻很辛苦。

孩子在肚子裡更好這樣的話，即使是懷孕、生產過的女性這麼說，我也會懷疑她的同理心，更何況出自什麼忙也沒幫上的男性之口，我想跟這種人說：「管好你自己就行了。」

#後期孕吐 #嘔吐 #乾咳——二〇一八年七月二十六日

難道這就是「後期孕吐」？雖然與容易噁心反胃的初期孕吐確實不同，但快要吐出來的感覺再度讓我痛苦不已。吃點東西就氣喘吁吁且胸悶。昨天，飯後都過了五小時，依然把食物吐出來。這些食物過了五個小時都沒消化嗎？

目前肚子大到從胸口正下方鼓起，心臟、胃、肺都受到壓迫。我就像肺病患者般一直咳嗽且胸悶。懷孕以來的這八個月，各種症狀層出不窮。爲什麼人類要在女性體內成長十個月才能出來呢？雖然必須消化和懷孕前一樣的工作量，也必須維持正常生活，但我的身體卻持續發生不知所以的怪事。而且，就只能這樣無可奈何地受苦。二十一世紀的現代科學到底在做什麼？爲什麼我無法從中得到任何協助？

第9個月

關於當媽媽這件事

第32周

#媽媽的必要條件#痛苦——二〇一八年七月二十八日

只吃了幾片水果就氣喘吁吁。呼呼。去做定期檢查的路上，胸口非常悶，不知是肺、胃或心臟，還是三者都不舒服，總之非常痛，雖然知道是懷孕後期的症狀，但當我詢問醫生是否有能稍微緩解的方法時，主治醫生果不其然回答「沒有」，只說是有症狀，並不是身體有「問題」，所以不需要治療。

如果打嗝，胸悶似乎會好轉，所以我拍打胸部，但打不太出嗝來。好不容易打嗝，吃下去的東西也會一起湧上來。食道似乎又會受傷了。呼吸困難可能是肺部問題，但深呼吸也不見好轉，就可能是心臟問題。其實也不需要知道是哪個器官出問題，應該是所有器官都受到壓迫了吧。

據說，臨盆前，嬰兒會下降到子宮下方，現在的痛苦就都會消失。懷孕期間一直以爲只要撐過這個時期，殊不知症狀一一消失的同時，伴隨新周期而來的新症狀一樣痛苦。

每次訴說痛苦時，周遭的人都說這就是成爲媽媽的過程。難道我一定得經歷所有痛苦，才能成爲媽媽嗎？難道痛苦是「成爲媽媽」的必要條件？雖然這些問題不會有答案，但我知道越是把母親的痛苦視爲理所當然的社會，越是難把女性當作人對待。

#為什麼摸我的肚子？ #公共財？——二〇一八年七月三十日

今天照鏡子時嚇了一跳。我的肚子眞大。懷孕APP通知我已經懷孕九個月了。孩子只要在肚子裡再待一點時間，煩人的孕婦生活就要結束了！也快要不用再聽到孩子在肚子時更舒服這種話了。

之前只有下腹突出，可能因爲靠近子宮，所以會隨便摸我肚子的人並不多，但肚子大到自胸部下方鼓起時，眞的是任何人都會摸。人們一邊說：「哇，肚子眞大啊！」「寶寶好動嗎？」一邊伸手摸我的肚子。這些動作都是瞬間發生，我連慌張的時間都沒有。

根據一家媒體對孕婦所做的調查，曾被他人摸過肚子的孕婦居然高達百分之七十八·六，表示被人摸肚子不只是我個人的經驗[29]。

如果有人不正確的發言，或做出讓人不愉快的事，我總是會直指問題，不論對方是朋友、同事或是上司，都不會隱忍，也因此我常被討厭，但我並不害怕。然而，很奇怪，整個社會都認爲把手放在孕婦肚子上是理所當然這件事，我卻也只能無奈地承受。

Gomsunsun

我之前會下意識的防禦人們往肚子伸過來的手，但肚子變大後，防禦也無濟於事。

#世代 #社會 #變化——二〇一八年七月三十一日

不久，我將會生下孩子，到時候，懷孕和生產的過程就將成為往事，只會留下隱隱約約的痛苦，也許甚至生疏到完全想不起來。如果生完孩子還能健康地活下去，累垮的身體和體力也恢復到一定程度，

29 原註：〈孕婦的肚子……為何未經孕婦許可就摸〉，《韓國日報》，二〇一七年五月二十五日。

說不定還會覺得生育就是這樣，也不算什麼。

這個「懷孕日記」只是我懷孕的日常和想法的極小一部分，別說代表所有的孕婦了，也無法呈現我所有的經驗。對某些人來說，懷孕可能如行雲流水般輕鬆，也有人會把懷孕的每一天視爲恩澤和歡樂，但對某些人來說卻可能是一生中最糟糕的事。

事實上，寫日記越來越需要意志力。如果一開始是因爲無法訴說痛苦，所以藉由寫日記排解，那麼現在早已超越當初的目的了。我是爲了不讓孕婦懷孕的故事被排除在外，不讓女性被忽視而堅持下來的。我希望將來的世代和社會能有所改變。

#浮腫 #「太神奇」 #工作欲——二〇一八年八月二日

我已經兩、三周沒穿鞋子了。腳和腳踝腫得鼓鼓的，腿也很麻，就像腰椎間盤突出般痛苦。不知是因爲肚子太重導致脊椎無力，還是子宮壓迫腿部，總之，這樣的痛苦很像用又長又粗的針不停刺腿部。

最近，除了喊累，我說不出其他話。呼吸困難，走路困難，坐著很累，躺著也很累。聽說今年是歷年來最炎熱的酷夏，我雖然增加了十公斤，卻還是得上班、工作。關懷他人，似乎只在有餘裕的時候才有可能。只能寄望他人施予恩惠的我眞淒涼。

上司問我爲何這麼年輕就要生小孩。我了解公司事情很多，每個人都是珍貴的人力，我不是想拋棄同事逃跑，但公司卻持續給我罪惡感。那位上司之前總是問已婚的我何時要生小孩，還常常說要趁年輕多生幾個孩子。

我的身體狀態每天都很差，體重日日在增加，也過度累積疲勞。雖然覺得已經不能再工作了，但又無法放下對工作的欲望，所以只能繼續努力。我是一個聰明且有能力的人，但懷孕後似乎沒能扮演好自己的角色，這讓我很難受。也很害怕自己在生產和育嬰後會忘記之前在職場上學到的知識。

我如果打開雙腿坐下，肚子會貼在腿上，呼吸會不順，加上肚子會壓迫腿，造成下半身負擔。我向朋友訴苦，告訴他們懷孕眞的是讓整個身體垮掉的旅程。

我將腳踝浮腫的照片上傳到家族對話群組，哥哥看到後，驚訝的問我是不是受傷了。浮腫是懷孕後期每個孕婦都可能會有的症狀，身邊沒有懷孕女性的哥哥可能不知道，我說是肚子裡有孩子才變成這樣，結果哥哥居然說：「好神奇。」讓我哭笑不得。我的痛苦不「神奇」。這是痛苦，而且是懷孕造成的。

Mixku

生產後，腳可能會更腫。我產檢時拿到壓力襪的處方，醫生表示穿壓力襪有助於緩解腿部浮腫，並促進血液循環。產後這個項目保險不給付，所以提前買比較划算。加油……

第33周

#產前按摩　#產後按摩——二〇一八年八月四日

前往預約的月子中心接受產前按摩。不知道是不是心理作用，按摩後，腳部浮腫似乎多少有些緩解，原本痠痛的身體也變得比較舒服。按摩師的手法高明，我因爲肚子太大摸不到的身體各角落都仔細地按到了。難怪大家都說生孩子後一定要多按摩，才能盡快消除浮腫，並擺脫產後疼痛。

之前，有些人建議我無論多貴，都不要擔心錢的問題，產後一定要多按摩，我覺得很荒謬。一次五十分鐘的產後按摩費用超過十萬韓元，我連在公司餐廳吃一頓飯都戰戰兢兢，寧願包便當吃，爲了自己不吝惜投資實在太荒唐了。雖然到月子中心按摩後體悟到按摩的重要性，也終於理解他們爲何提出這個建議，但事實是，我的經濟情況仍不允許我這麼做。

不得不再次思考這個國家制度的不完善。不僅生孩子、養孩子，連恢復出生前的身體所需的費用都要由個人負擔，立法者不僅不加以改善，還只會不負責任的嚷著低出生率是「災難」，試問這些人到底把適孕年齡的女性當成什麼？

#瘦小的孩子 #好媽媽——二〇一八年八月六日

不知是不是因爲嬰兒正快速成長，懷孕症狀一天比一天嚴重。現在只要站一分鐘，不，是只要站十秒，腰就好像要斷了。我已經不知道筆直走路爲何物，所以試著彎腰走路，再往後仰，尋找著舒服的姿勢，但不管怎樣都不舒服。持續嘗試的結果，只覺得腰要垮掉了。

經常有人抱怨只要把孩子在肚子裡養到二．八公斤，就要趕快生出來。如果是那種大小，我覺得我還能辦到。比那更大的孩子要通過狹窄的產道出生，是很可怕的，我也怕生產失敗，很怕即使經歷陣痛還得動手術。以現在笨重的身體度過臨盆期也讓我感到恐懼。

我說想生小一點的寶寶，大家都感到詫異。不僅詫異，我還感受到輕視的目光。難道他們認爲我是那種自私的母親，爲了自己方便而想生下瘦小且不完整的孩子嗎？我這九個月歷經千辛萬苦，把肚子裡的孩子養大，也算了不起了，但要被社會認可爲「好媽媽」爲何這麼難，這個標準到底是由誰制定和判斷的？

出生瘦小的嬰兒可能較常生病，發育可能比其他孩子遲緩，但也可能不會如此。那些人會這麼想，可能是因爲把經歷生孩子的困難丟給「生孩子的女人」，所有人便會覺得輕鬆。只要把問題原因和解決方案都推給「媽媽」就好了。

我太想見到孩子了，很期待和孩子共度的生活，所以希望快點生孩子；也覺得寶寶在肚子裡繼續長大可能有些吃力，可能因此死亡，所以希望快點生孩子；也很怕生比較大的寶寶會很痛，生了孩子，自己也能平安活下去，所以才希望快點生孩子……這所有的想法和情緒都是「我」的感受。感受這些的主體都是「我」，誰有資格評論我是不是「好媽媽」？

我想談談這件事。我想說，好媽媽的形象是虛構的，不能以這樣的虛構否定不同於這形象的媽媽。每個媽媽有不同的故事，都是個人的，也是獨特的。社會在「形塑」好媽媽形象的當下，也把不符合標準的女性視爲「無情的媽媽」或「媽蟲[30]」，就如同把女性化分爲「聖

30譯註：韓國網路用語，形容全職媽媽只知道享樂，就像一隻會吸乾老公血的蟲。

女」和「惡女」一般。

#電費減免 #折扣優惠 #留言——二〇一八年八月八日

「孕婦們到底想怎樣？要求太多了吧，難道要用國家的錢養孩子，她們才要生嗎？」

「如果沒能力的話，請善用空調、烘衣機和洗衣機。」

「如果國家有多餘的預算，爲什麼不直接給小孩零用錢。」

「如果要像報導說的那樣面面俱到，那事情就沒完沒了。貪小便宜的人也會越來越多。」

「只有產婦累嗎？全國人民都很辛苦。最近的媽媽都太期待免費了。」

「這些媽媽的牢騷也太無窮無盡了吧。難道生雙胞胎還得免費供電嗎？」

「有優惠本身就是一種支持了，人的欲望真是無止境啊。」

「要求福利要適可而止。又不是乞丐。人性就是這麼骯髒。」

這是在〈害怕「電費炸彈」的孕婦，雖然有折扣制度，但漏洞百出〉[31]這篇報導底下出現的留言。報導中提到政府將針對有新生兒的家庭減免電費。而由於很多產婦生完孩子在老家或婆家進行產後調理，因此只有住在戶籍地才適用該折扣優惠的此一制度實際上形同虛設。另外，寶寶無法自行調節體溫，需要使用空調、加濕器或除濕機等以維持室內溫度和濕度，寶寶的衣服也得每天清洗。在這種情況下，即使打折，頂多也只省下一萬六千韓元，因此報導才表示實際上很多人無法受惠，但報導底下卻滿滿都是攻擊孕婦的留言。多多同理艱困時代生兒育女的年輕夫妻有那麼難嗎？

31 原註：〈害怕「電費炸彈」的孕婦們，雖然有折扣制度，但漏洞百出〉，《HaniNews》，二〇一八年八月七日。

我本該因此而生氣的，卻連這樣的力氣都沒有，只覺得悲哀。孩子馬上要出世了，但在這樣的社會生孩子是不是犯了大罪？

> Nowhereing
>
> 所有的育兒書上都會要求，家有新生兒，應將室內溫度調到二十二至二十四度左右，如果不這麼做，胎火嚴重的嬰兒很有可能罹患過敏性皮膚炎。我其實是害怕孩子生病而不得不開空調，但大家卻認為「是我覺得熱，所以開空調」，實在很傷人。

#不讓座的人就是不讓座——二〇一八年八月十日

拿著咖啡搭地鐵，車廂內擠滿了人，一位乘客一邊環顧車廂一邊對我說：「啊，妳沒位置坐啊」，同時讓出了座位。我正要就座，遠方的站務人員走過來，說：「那邊的小姐，下次別站在一般座位前面，妳看看地板，不是有貼粉紅色貼紙的地方嗎？那是孕婦座，妳只能站在那個區域前面。」當站務人員說「那邊的小姐，下次……」時，我就想：「啊，他是不是想告訴我不能拿咖啡搭地鐵？」沒想到居然是因為我站在車廂內的一般座位前。

站務員的話才剛說完，旁邊的另一位乘客也幫腔：「不要就這樣走了，妳有孕婦會戴著的那個吧。把那個拿出來啊。」

我對他們說：「我也知道孕婦座的存在，但是站在已經有人坐著的孕婦座前面有什麼用，也不會有人讓座。孕婦徽章在這裡。肚子都這麼明顯了，不讓座的人就是不讓座。」

車上所有的人都盯著我看。孕婦居然自己發聲，乘客似乎覺得很稀奇。孕婦必須戴上孕婦徽章，而且只能站在孕婦座前，真的很荒唐。

如果一台列車上有十名孕婦該怎麼辦。我只好告訴站務人員，站在孕婦座前也沒人會讓座，所以我才站在一般座位前面。雖然說這些也無法改變現況，但是說出來是我的權利。

後來轉乘時，一名年輕女子要讓座給我，但就在表達謝意時卻又再度被中年男子搶走了位置。只要搭地鐵，就會發生公民社會中不該存在且令人失望的怪事，但對孕婦來說，這是家常便飯，無法同理的人永遠不能理解。

匿名

我今天也是頭一次看到孕婦坐在孕婦座上。彷彿以雙眼見證了傳說。哈哈……我真的不了解這個國家，也不了解這個社會。

第34周

#尿液 #羞愧 #傷口——二〇一八年八月十一日

不知何時開始，一脫掉當天穿的孕婦緊身褲，就會發現褲襠部分留有尿漬。不是一天兩天，而是每天。我好像每天都不知不覺的漏尿。剛才洗完澡穿上新內褲，刷牙時又漏尿了。我不習慣漏尿。

因為害怕自己散發尿味，費盡心思隱藏這件事。放在洗衣籃中沾了尿的緊身褲就是讓我感到羞恥。我知道即使沒懷孕，也不該這樣說，也知道這是懷孕後期的自然症狀，但心裡還是覺得很受傷。

Ease

我當時只要一咳嗽就會漏尿，生產後到現在都五年了，每次咳嗽還是會漏。憋尿的能耐比產前弱上許多，所以經常上廁所。現在也像「懷孕日記」裡的妳一樣覺得很受傷。

Growupspring

我生完小孩到現在都三十個月了，今天看妳推特裡的「懷孕日記」，想起自己咳嗽或打噴嚏時，腿必須夾緊以防漏尿的樣子，忍不住流下眼淚……尿失禁會好轉嗎？一輩子尿就這麼滴滴答答，難道年過五十歲就要做尿失禁手術嗎？我生完小孩四十天後得了重感冒，嘔吐時，嘩地尿出來的事仍歷歷在目。在為我拍背安慰我沒關係的媽媽面前，我哭著說：「媽，我尿褲子了。」比起羞恥，我更感到挫敗。真沒想到生了孩子會這樣。

#自我效能感 #游泳池霸凌——二〇一八年八月十三日

做瑜伽很累，走路很累，躺著也好累，因爲每次翻身，全身的關節都好痛。

然而，今天到社區游泳池游泳，像是來到新世界。泳池裡，我這樣的身體也能來去自如！在水中游得飛快的同時，也感受到久違了的身體達成的自我效能感，感受到四肢的自由，慶幸自己從小學會了游泳。但是這樣的快樂沒能持續很久。游了一圈回來，就被泳池的老奶奶集體騷擾。

「小姐，妳懷孕了吧？來這裡幹嘛。去旁邊找個地方跑跳就好了。」

「萬一肚子被人踢到怎麼辦！」

「妳礙手礙腳的，出去！」

天啊，她們眞的很奇怪。我明明是這個泳道上游得最好的。因爲泳道狹窄，我確實也很擔心有人會踢到我的肚子，因此一直很注意前後距離，也仔細觀察旁邊的人是否保持平衡。聽說社區泳池的霸凌情況嚴重，但被十五個老奶奶霸凌，眞的是可怕。她們叫我「小姐」也非常奇怪（不認識的人想干涉我，一定會叫我「小姐」）。

初級泳道[32]人更多，所以很危險，我告訴老奶奶我會小心地游，不理會她們，回到泳道繼續游泳。又游了兩三圈，但實在受不了她們的折磨，最後只好到初級泳道做原地跳躍，一旁也在跳躍的人突然練習踢腿動作，嚇了我一跳，趕緊用雙臂護住肚子。

我也想運動，想持續運動到肚子比現在更大，無法再游泳爲止。游泳讓我感受到幸福，但現在又再度受挫了。那些老奶奶是眞的擔心我嗎？如果我在淋浴間洗澡，東西掉到地上，她們會不會不理我，不幫我撿？

#都是我們的故事不是嗎——二〇一八年八月十四日

我每天都會看自己的「懷孕日記」。不久前收到一位網友的回覆，說對於我做這樣的記錄感到驚訝且開心。

網友回覆：我每天都心懷感激讀妳的「懷孕日記」。妳的記錄讓我既驚訝又高興。這些都是我們的故事啊！請一定要平安的度過孕期，生產後也請繼續分享故事。

「都是我們的故事」這句話我一直記在心裡。

一個懷孕的普通女性，說著平凡的日常故事，居然能引起大家的共鳴，陪我一起憤怒，一起悲傷，一起歡笑。只有女性才能如此理解女性的生活，即使是我未曾經歷的經驗，我也能理解。

32譯註：韓國游泳池之泳道通常分爲六種，分別爲初級、中級、高級、教學專用、行走專用及自由式泳道。

#不明就裡的責備#裝痛#天下的爸爸——二〇一八年八月十六日

我肚子很餓，吃了兩個水蜜桃，吃得太急了，呼吸不順，只好拍著胸部大口呼吸，但胸口還是很悶。爸爸說：「怎麼了，又怎麼了？」讓我覺得很委屈。媽媽怎麼會忘了懷我時的記憶，當時爸爸是怎麼對待媽媽的，如今眞實呈現在我眼前。

爸爸叫媽媽帶我回家，我反問：「這麼期待孫子、又覺得懷孕的女兒發出痛苦聲音很煩嗎？」爸爸反駁：「就很煩啊，不吵嗎？」只有我爸爸是這樣嗎？爸爸似乎都是這個樣子，總是拿過去的人都是如此來合理化自己的行爲。

每次回家，爸爸總會買很多昂貴的水果讓我帶走，還會烤好吃的韓牛給我吃。但是，我懷孕後在公司上班感受的痛苦卻被他說是不懂事，因各種身體變化感到痛苦，他也說我是裝模作樣，還說：「以前的人懷孕都還去耕田。」甚至說：「別人都在工作，爲什麼就只有妳這樣？」

雖然經常講父親無禮對待懷孕的我，但我認爲不是只有我爸爸這樣。世界上的爸爸都是從女性身體誕生的，但卻對於懷孕和生產一無所知。他們無從得知懷孕和生產的痛苦，也認爲不需要了解。實在太可惡了。

我因爲肚子變得很緊繃，所以躺著休息，但爸爸實在太吵了，我問他到底知不知道肚子變緊繃代表什麼。他說：「不就是孩子縮成一團嗎？」即使我說這代表子宮收縮，是一種陣痛，一個不小心就可能早產，爸爸也裝作不知道。似乎一輩子不知道都無所謂，這才是眞正的問題。

#臨盆倒數#與孩子的見面——二〇一八年八月十七日

最近經常做沒有任何疼痛就生下孩子的夢。某天，在夢中，子宮口打開了，我躺在床上用力，孩子就像抹了油般滑出來。孩子出生一周後，我和孩子去公園散步，聞著花香跑來跑去的孩子叫我「媽媽」。

幾天前，夢到因爲陣痛到了醫院，才五分鐘就生下孩子，一點也不痛，一生完，鼓起的肚子也馬上恢復到和以前一樣。剛才睡午覺，則是夢到生了孩子，孩子長得和小時候的我很像。很神奇，夢裡我爲剛出生的孩子拍照，每張照片上的孩子都長得和我愛的人很像。

現在的我覺得孩子出生後應該可以自行呼吸並活下去。越接近預產期，越期待與孩子見面，不過對生產的恐懼也隨之變大。身爲母親，怎麼會不害怕生產？認爲理應減輕生產痛苦的社會，以及不這麼認爲的社會，對女性的態度會有很大的不同。

Zizisky

周圍的人總會以建議為藉口，告訴我：「妳應該要持續多動動，這樣才能自然產」。他們根本不把我的身體狀態放在眼裡，只會高呼「自然產」。這些人之中，沒有一個人說：「根據妳的身體狀況來決定，妳很重要！」

第35周

#快要爆炸的肚子 #沒有進步的生育討論——二〇一八年八月十九日

看著不斷變大的肚子，不禁覺得這也太落後了吧，到底要把人類的身體膨脹到什麼地步。在人工智慧 AlphaGo 戰勝圍棋大師，基因剪輯治癒疑難雜症的二〇一八年，人類居然還是得在女性身體裡成長十個月後才能出世。

看著自己那大到似乎快要爆炸的肚子，覺得只有透過女性身體才能生育的現代社會本身就是在排斥女性。有必要對女性如此殘酷嗎？其他的技術都在發展，爲什麼只有透過破壞女性身體生育的方式沒有進步？對不投資對女性身體的研究、只要求女性生育的國家來說，女性到底是什麼？

#血便 #痔核——二〇一八年八月二十一日

今天出現血便。雖然安慰自己該來的總是會來，但用手指怎麼推也推不回去的痔核還是讓我嘆了一大口氣。大部分的孕婦在懷孕後期都會罹患痔瘡（痔核），解決方法只有產後坐浴或手術。總之，這是生產前會罹患的疾病。孩子在肚子裡持續成長，本該在身體內的組織就因此掉出體外了。即便沒有痔瘡，我的恥骨和骨盆也痛到坐也不是，站也不是，連走路都很困難，現在連肛門都要參與增加痛苦的活動。

沒有疾病是可笑的，但肛門疾病不知為何常被認為骯髒且可笑，這似乎為孕婦談論痛苦更添一道障礙。懷孕後期不用說，產後甚至會變嚴重。雖然痔瘡本身確實令人不舒服，但是讓孕婦對一般懷孕症狀都感到羞恥、無法訴說的社會，才更是大大有問題。

#停職 #女性團結 #女性解放——二〇一八年八月二十二日

懷孕後，在社會的無知、偏見和嫌惡中度過了九個月，勉強撐到了勞動基準法允許產假的日子，終於可以開始休假了。對我來說，這是我學經歷中的憾事，但我的身體已經不允許再上班了，公司裡，我像逃跑的人一般被指指點點。

常常聽到很多人說，聘用並培訓了已婚女性，最後這些女性卻爲了生小孩離職。未婚的同事到了一定年紀，就會被問怎麼還不「嫁人」，或是聽到趁年輕多生小孩比較好的閒言閒語。我認爲，在女性不論做什麼都會挨罵且被歧視的社會，我們該破壞的是家父長制，需要的是女性團結。

我們生活在變化多端的時代。我們所在的這個時代，是一個以女性的聲音揭發女性因女性身分受到社會壓迫和歧視的無數經歷，夢想著女性解放的新國家，且充滿希望的激盪時代。結婚生子，在制度內謀求變革，並爲之奮鬥的女性、拒絕現有的家父長制，實踐不婚和不生育的女性、在新的家庭型態下生小孩，活出精采的女性故事，全部都是「女性的故事」。

一直以來，不同世代的女性都曾經歷該世代的歧視，在不讓女性過自己想要的生活的社會，女性仍以自己的方式爲自己奮鬥。我相信，女性解放最終會來自女性的團結。我相信，即使不是並肩而行，我們也能一起前進。

#職場孕婦的悲歡——二〇一八年八月二十四日

懷孕三十五周。肚子一天天變大，現在吃飯總是吃得津津有味，但往往吃完不久後就呼吸困難，也不時會有假性陣痛。在屋裡稍微走動，假性陣痛就會出現，只好再躺下休息。就這樣，一整天睡睡醒醒和吃東西。每次走動，恥骨都會非常痛，痔瘡也讓我很痛苦，只能壓抑想切開肛門的心情，任時間流逝。

但是，不和社會互動，不搭地鐵，不必聽無謂的話，這樣的生活反而更有品質。身體如果不舒服，聽那些話會更痛苦，也沒辦法像之前那樣忍耐。懷孕帶來的社會壓力消失了，心裡就舒服多了。我體悟到懷孕期間之所以那麼辛苦，多半是因爲社會壓力。

有些朋友擔心我身體那麼不舒服，該怎麼辦，我對她們說：「沒關係，現在不用上班，可以安心的不舒服，就算很痛也不用擔心。」說完我哭了，聽的人也哭了。但是這個社會依然有著即使有早產陣痛、恥骨痛到無法行走、頭痛眩暈到暈倒、高燒不退無法服用適當藥物，卻還得上班的孕婦。我希望能讓更多人了解這些「職場孕婦」的悲歡。

第10個月

我之後的孕婦值得更好的生活

第36周

#女性不是為了國家存在——二〇一八年八月二十五日

今年八月十七日，看到一則報導，保健福利部規定違反「刑法第二七〇條墮胎」是「不道德的醫療行爲」，並實施行政上給予不利處分的修正案。他們是否了解懷孕的女性如何度過每一天？是否知道她們的身體發生了什麼事？吃飯，從事經濟活動，建立社會關係，思考人生，這些女性的「眞實生活」，國家並不關心，卻試圖控制女性的身體和生育權，並欺騙女性。

特別是最近的新聞，在憲法面前，性別似乎也不平等。國家似乎是爲了特定性別存在，並爲特定性別執行法律，這樣的情況下，「同一種犯罪，相同的調查」只是一種口號。「只屬於他們的」憲法讓人心寒。

今天，八月二十五日，公民團體「憲法前性別平等」針對前忠清南道知事安熙正[33]的一審判決，舉行了譴責司法部和調查當局的集會。身爲集會中的已婚女性，我受邀發言。懷孕後，我因爲社會的無知和偏見，以及肉體上的痛苦，一直過著疲憊的生活，我苦思能說些什麼，後來決定，無論說什麼，都要加上自己的經驗來增加說服力。

最近發生的「安熙正性暴力無罪」、「向WOMAD[34]經營者發出逮捕令」等一系列事件，讓我更加感受到國家對女性的厭惡。法院表

33 譯註：曾是韓國熱門總統人選，二〇一八年被控性侵女祕書，南韓法院一審判無罪，二審推翻一審判決，二〇一九年三月最高法院三審定讞，被判有期徒刑三年六個月。

34 韓國一激進女性主義網站。

示無法判定性暴力受害女性的性主體性和自尊明顯降低，並做出宣判安熙正無罪這樣的暴行。多年來一直對男性社群間流通的不法照片置之不理的警方，終於對WOMAD經營者下達了逮捕令，並判處洩漏男性裸照的女性十個月有期徒刑，展開只對女性不利的偏頗調查。

在以厭女爲基礎的性別歧視國家中，將女性視爲同等公民反而是具有挑戰性的事。我身爲女性，身爲孕婦，無可避免會被歧視和排擠。

這樣的歧視和邊緣化所帶來的壓力，讓我經歷了幾次流產的難關，現在，我馬上就要生下女嬰。孩子在肚子裡成長的這九個月，我一直煩惱在這樣的社會將孩子生下來是不是罪過。因爲連憲法都不把女性視爲與男性平等的社會，僅靠我一個人努力養育的孩子，無法克服如空氣般存在的性別歧視。

這個社會不該如此。我希望生活在權勢性交加害者安熙正入獄，受害者回歸日常，完全恢復自己的生活和職業生涯的社會。我想生活在憲法面前性別平等的社會。我期望有一天能不再對即將出生的嬰兒感到無力。雖然是還未見面的孩子，但如果可以送個禮物給我的孩子，我想告訴她「戰鬥的女人贏了」。謝謝。

女性不爲國家存在。女性的生活由女性自己選擇。

#生產方式 #生產的主體——二〇一八年八月二十六日

一直思考著該以哪種方式生產。雖然想選擇產後恢復較快的陰道生產，但在根本不了解生產如何進行的情況下，我只能無力地躺在床上，無力的在同意書上簽名。我一點也不想切開會陰，在鮮血直流下被動地生下孩子。我認爲，生產的主體應該是「我」。

我的生產目標是生下孩子，並健康地活下去。我希望陣痛的痛苦能少一點，也希望老公能參與生產過程。我不希望老公只是看著我獨自經歷陣痛，獨自配合呼吸用力推出寶寶，而是希望生產中得到老公實際的幫助，共渡難關。在鎮痛和生產的瞬間，我希望老公能以全身感受我有多痛苦、有多害怕。

因此，我希望在水中生產。據說，如果在水中經歷陣痛，痛苦將減少十分之一。很多嘗試水中生產的朋友都很滿意這個生產方式，她們表示，老公會從背後拉開大腿，因此可以在不失去力氣、不昏迷的狀態下生下孩子。這似乎就是我想要的生產方式。

今天，我和老公參觀可以水中生產的助產所。當天負責諮詢的助產士問我爲何選擇溫柔生產，我表示我不太了解溫柔生產，我想要的是生下孩子後還能活著。助產士說：「寶寶在肚子裡會聽到的，媽媽怎麼能說這種話呢？每個媽媽都是溫柔生產的。生產是由媽媽、爸爸、孩子三個人共同完成的壯舉。這是自然法則。」

我當時回答得有點慌張，但整理好心情後，詢問了幾個好奇的事項。因爲我是身體虛弱的人，助產所是否會有確認孕婦能否水中生產的產前檢查，以及如果胎兒太大，或者生產中出現緊急狀況，可以採取哪些應對措施。對此，助產士說不需要因應，如果有需要，他們可以轉送到附近醫院。所有媽媽都能自然產，沒有所謂虛弱的身體，媽媽需要的只有等待孩子的時間，媽媽得相信自己和孩子才能生產。助產士又再次提及，孩子都在聽，所以媽媽只要不說自己怕死，孩子就會順利出生。

這眞的讓我非常非常火大。居然說所有媽媽都能自然產？雖然醫學發達已經讓產婦死亡率顯著下降，但仍然有女性因爲生產死亡。身爲生育專家，怎麼能對臨盆前，在實際恐懼下挺過每一天的孕婦說這種話？居然還說媽媽痛苦的生下孩子是自然法則。比起害怕生產的我，她更擔心孩子會聽到我的擔憂，這眞的讓我很憤怒。

不用繼續問了，這個地方應該不適合我，因此我決定結束諮詢。助產士問爲什麼，我表示我認爲我才是最重要的，生產的主體不是孩子，而是媽媽，我本想自主選擇最適合自己的生產方式，但似乎與助產士關心的重點有很大不同。

雖然離開了助產所，但我還是很生氣。之前就常常聽說在進行溫柔生產的助產所生產時，助產士會問正因陣痛而痛苦的產婦，所有媽媽都能自然產，爲什麼要喊痛，甚至訓斥產婦要忍耐。我終於更明白這些助產士實際上會如何對待產婦了。

雖然尚不了解所有溫柔生產方式，但我認爲應該停止從這種角度看待生育。我之所以想要水中生產，是身爲主體的「我」思考後所做出的選擇，並非因爲相信什麼自然法則。只有生產當事人才有資格訴說生育的感動和母愛的勝利。

#好像快要噴鼻血的假性陣痛——二〇一八年八月二十七日

假性陣痛持續不斷，強度明顯比之前更強，周期更短，有種血液往臉部匯集的感覺，鼻血似乎就快噴出來了。懷孕剛滿十個月，雖然還安逸的想著還不到生孩子的時候，但聽說也是有人三十周到三十五周之間就生了，因此感覺到生育不再是與我無關的事。

眞到了什麼時候生孩子都不奇怪的時期了。

#妊娠紋 #可以肯定我的身體嗎——二〇一八年八月二十八日

到了三十六周，變大的肚子上最終還是長出了細紋。從懷孕第五個月起，我就很認眞地使用潤膚乳液、妊娠霜和椰子油，但聽說會長皺紋的人，不管搽多少都會長，不會長的即使不搽也不會長，而我就是會長皺紋的那種人。穿內褲的部位摩擦得很嚴重，仔細除毛並搽上乳液，還是長了妊娠紋。我的淚腺也要長皺紋了。

產後，我還能接受自己的身體到什麼程度呢？學生時期，我的體重急遽上升，大腿上布滿如同蚯蚓般的皺紋，所以很少穿短褲。雖然理解「即使自己的身體不受到肯定也沒關係」，但每當看到不斷變胖的痕跡時，心情還是會受影響。

#太招搖，「婆家」會不開心——二〇一八年八月二十九日

媽媽從一開始就不贊成我在助產所生產，她問我是不是已經預約了助產所，我告訴她我在助產所發生的事，表示我不適合在那裡生產，所以打算到醫院生產，她聽了非常高興，說：「我就說嘛，水中生產哪知道是什麼東西。拜託妳不要自作聰明，其他孕婦怎麼做，妳就跟著一起做就好。」

我告訴媽媽我並不是想標新立異，所以選擇水中生產，而是想慢慢思考並比較，然後選擇最適合我的方式，但媽媽就是不肯聽。媽媽擔心的只是「如果太招搖，婆家會不開心」。身為生育過的女性，媽媽雖然理解我對生產的恐懼，但她更擔心婆家會討厭我。

在幫孩子取名字上也是。我們夫妻倆認為當然該由我們替孩子命名，婆家也表示不會干涉。反而是我媽反對這麼做，說絕對不能這樣，否則會「得罪婆家」，無論如何都應該先向「婆家」「徵詢」小孩的名字。

對於我和老公的決定，我的雙親大都會強烈干涉。他們主張「要徵詢婆家的意見，順著婆家的意，千萬不能得罪婆家」。甚至在「我」的生育問題上也要看婆家臉色行事，這讓我很生氣。

大家上班後，我獨自留在雙親家裡想著，這就是媽媽的人生。想像媽媽過去擔心被婆家討厭，事事看人臉色，工作再辛苦也要忍耐的日子，我很同情媽媽，但很快地又打起精神。即使媽媽過去令人同情也不該壓迫我遵守這種傳統。這也可能成爲媽媽日後當某人「婆家」時對待媳婦的方式。我不能再讓不好的傳統延續下去。

Chato

這真的很讓人難過。他們就只會說：「要討好婆家，不要被討厭。」ㅠㅠ

匿名

我覺得小孩的名字當然要由夫妻來決定，所以叫老公阻止公婆干預。但是取了名字後，公婆卻質問我們為什麼取了與孩子性別不符的名字！！老公在電話中和他們吵架，我只能沉默以對。孩子的名字本來就該由我們夫妻來取的。ㅠㅠ

第37周

#電梯 #死心——二〇一八年九月二日

搭地鐵總會比預計抵達時間多花三、四十分鐘，進站後，我常常因爲找電梯耽誤了很多時間。從站外到站內要搭一次電梯，進站後，前往月台又要再搭一次，爲了找電梯總是要走很久。走樓梯距離是最短的，可能會快兩、三倍，但我的肚子這麼大，稍微走快一點，可能會發生意外。下車後，爲了前往刷票口，我先尋找電梯標示，但如此一來，動線就和其他人不同，因而被其他人嫌棄：「拜託，大家都很忙，不要走那麼慢！」我笨重的身體也被推來擠去。

我邊說「對不起，對不起」邊離開人群，緩慢的尋找電梯，而只要走錯方向，一切努力就都白費了。即使找到電梯，也總是搭不到，裡面往往都滿了。只能慢慢走向關門的電梯，看著門裡的人。即使裡面還有空間，門也不會再打開。

日子久了，我也懶得說了，只能死心閉嘴。「是的，人們不喜歡麻煩。人們討厭孕婦」。這個社會仍然認爲出生率下降是災難，卻認爲孕婦應該安靜的待在家裡，不要外出煩人。一想到這些，我憤怒的細胞又活過來了。走著瞧吧，我不會閉口不言、坐以待斃。

#沒有惡意 #暴力的——二〇一八年九月三日

我還是對旅行有所嚮往。想在孩子出生前至少再多玩一次，就到了兩、三個小時路程的民宿度假。民宿老闆看到我的大肚子馬上就說：「哎呀，妳這個月就要生了吧！」還說既然來玩，希望孩子至少不要今明兩天出來，不過第一次生產陣痛會超過十個小時，時間上夠從這裡回家。我忍耐的功力現在進步不少，笑著回答：「別這麼說啊，我可能馬上會生出來。」

他肆無忌憚的繼續說了一些老一輩的視爲理所當然、常常不經意脫口而出的話。諸如「孩子在肚子裡時還比較舒服」、「有些人連生產時都還在孕吐」、「第一次生產陣痛會很久」等，雖然沒有惡意，但對當事人來說，這些與詛咒無異。我不想對此視若無睹，即使煩悶，也要一一告訴大家，並且發誓自己絕不要像他一樣。經歷了彷彿身在地獄般的懷孕過程，我應該成爲對其他孕婦不那麼暴力的人。

懷孕眞的是一點好處也沒有，但因爲懷孕的經歷讓我多次告訴自己，要讓我之後的其他孕婦過更好的生活，這就可能是懷孕的少數優點之一吧。如果能這樣自我滿足，痛苦的孕期是不是就不會那麼討厭？

第38周

#孕婦的膀胱 #危急狀態——二〇一八年九月九日

天氣放晴了。我以爲自己會在街上漏尿。景點上沒有適合方便的地方。星巴克通常都有廁所，好不容易找到星巴克，直接上樓，才發現二樓和三樓的廁所都鎖著，因爲是商家管理的廁所，所以只限消費的顧客使用。

在店內需購物才能使用廁所是常識，但我還是不顧廉恥的向店員表示自己是孕婦，急著上廁所，詢問是不是能借用一下，店員爽快的給了密碼，我終於可以上廁所。緊急的生理現象隨時都可能發生，但臨盆前，如果走路時羊水破裂，眞的會很想死。

聽說在北美或歐洲，大眾普遍了解孕婦的膀胱障礙，所以在公廁，幾乎沒有孕婦排隊等候的情況。雖然大家都很急，但孕婦的膀胱隨時都會被刺激，可能更危急，所以大家都會禮讓。如果今天星巴克拒絕我使用廁所，我可能眞的會很難過。

對弱者的關懷，得以超越一般人常識才有可能。很多人認爲對待弱者拋棄「一般人都是如何」、「在資本主義社會，什麼是理所當然的」等想法，才是成熟的公民意識。如果大家都能這樣，就不會有「社會弱勢者」了吧。

事實上，懷孕前，我在公廁看見身體沉重的孕婦排隊也會禮讓，因爲那樣很辛苦，而且胎兒可能隨時會刺激膀胱，或可能出現危急狀況。然而，在韓國，公開討論孕婦使用廁所的議題，可能會像地鐵的孕婦座一樣讓人傷腦筋。

如果宣導孕婦的膀胱障礙，並舉辦「讓沒有在賣場消費的孕婦也能使用洗手間」、「在廁所排隊時請禮讓孕婦」等活動，可能又會有人問，要把孕婦當高官一樣禮遇嗎？只是膀胱比一般人稍有障礙，就得這麼辛苦？

#餵母乳 #奶粉錢 #乳頭按摩——二〇一八年九月十日

我希望生了孩子後，能盡量餵母乳。雖然母乳在營養方面可能很優秀，但我並非對母乳有多偉大而有興趣。在營養素或供給上更穩定的是奶粉，母乳中也曾檢出環境荷爾蒙鄰苯二甲酸鹽，目前也還在研究這種物質是否會在餵母乳時轉移到嬰兒身上[35]。

讓我下定決心餵母乳，是在知道了奶粉的價錢之後。一罐奶粉通常要三萬韓元，但四、五天就會吃完。據以奶粉哺乳的人所述，餵奶過程中，基本上需要大量的奶瓶、奶瓶消毒機、奶瓶烘乾機、奶瓶清潔劑、奶瓶清潔刷、奶嘴清潔刷、奶瓶夾、泡奶熱水瓶或淨水器等，有些還需要定期更換，有些寶寶則可能拒絕喝特定奶粉，或拒絕使用某些奶瓶，因此尋找適合寶寶的產品讓人傷透腦筋。我育嬰停職時的薪水只有約五十萬韓元，我要生活，還要照顧孩子，因此不得不考慮餵母乳。照顧孩子，除了哺乳之外還有許多花費。

我照著在月子中心學到的方法練習胸部和乳頭按摩。如果沒有任何準備就餵孩子母乳，胸部可能會硬得像石頭一樣，乳頭也會出血。朋友說，哺乳期的乳腺炎比懷孕、生產時更嚴重。她曾痛到孩子哭著要喝奶就想逃走。

自懷孕初期就脹大的胸部，乳頭和乳暈很明顯。我以拇指和食指

---

35 原註：Katharina et al., "Human breast milk contamination with phthalates and alterations of endogenous reproductive hormones in infants three months of age", *Environmental Health Perspectives*, 2006。

捏住厚到如葡萄籽般的乳頭輕輕按壓並擰轉，結果馬上痛得大叫，剛開始時連手碰到都不舒服，後來終於慢慢習慣了。有人說乳暈的部分也要一起按壓，慢慢習慣刺激，我聽了只能嘆氣。

過去能感受性高潮的陰道，現在只有爲了生產的分泌物。生產時，從陰道口到肛門都撕裂了，孩子才會出來。曾經透過愛撫獲得快感的胸部，現在成了寶寶的工具。爲了準備這些工具，我按壓著乳頭，就像成了動物王國裡的雌性動物。

即使做了這樣的準備，如果產後母乳量不敷寶寶的需要，或乳腺炎嚴重，就無法哺乳。我自己也可能會因爲太辛苦而放棄，屆時恐怕只會留下產前認眞按壓乳頭的淒涼回憶。今天晚飯後，我得用紗布蘸上橄欖油去除乳頭污垢。

Ayu

我是完粉（全以奶粉餵奶）……初期只餵寶寶母乳，但寶寶卻噴水吐（新生兒如噴水般嘔吐），當時覺得母乳似乎不適合我的寶寶。不能再餵母乳後，母乳就停止分泌了。後來才發現並不是我以為的那樣，而是孩子急著喝大量的奶，我的乳汁噴射的情況很嚴重（母乳如水槍般噴出的現象，在這種情況下寶寶很難喝奶），才會造成寶寶嘔吐的狀況。寶寶需要的量必須和媽媽母乳的量相互配合，這會讓身體和精神上都很虛弱的媽媽很難堅持下去。相關資訊實在太少了……

Growupspring

我前兩個孩子都是完母（完全母乳餵養），我也不是因為母乳偉大才餵母乳，而是覺得洗奶瓶、消毒這一連串程序太麻煩了，所以選擇了簡單方便的母乳。ㄏㄏ我連胸部按摩之類的都沒做，產後第三天

乳腺就發炎，想說死定了。因為用吸奶器不知會有多痛。ㄒㄒ

#羊膜破裂 #結束懷孕——二〇一八年九月十二日

羊水破了，嘩啦嘩啦地流出。

十個月的懷孕過程結束了……

生產——「成功生產」？還是「被生產打敗」的戰鬥？

雖然羊水破了，但沒出現自然陣痛，所以進行催生。注射催生針後，子宮收縮的劇痛傳遍全身，痛苦得令我無法忍受。看著記錄子宮收縮數值的螢幕，每隔一分鐘就會顯示陣痛強度到達最大值九十九。這麼痛苦，還不如死了算了。每分鐘都像在接受地獄六道輪迴的考驗。在子宮放鬆的一分鐘裡，爲了不讓自己昏厥，只好打自己的耳光，逼自己堅持下去。就這樣經過數小時的陣痛，子宮口開了四公釐左右，這時才在脊椎上插上管子，進行被稱爲無痛注射的硬膜外麻醉。由於麻醉的副作用，寒氣在體內循環，身體直發抖，但我已經恢復精神，決定轉換心情，吃下巧克力，並喝了離子飲料，繼續用力直到生出孩子。就這樣經歷了長達七小時的陣痛，終於等到孩子的頭來到陰道口的時候。

協助生產的護士說，只要再用力一小時，孩子就能生出來了。一想到目標就在眼前，立刻產生了希望。但，怎麼回事，之前注射的硬膜外麻醉居然一點用都沒有。寶寶隨著陣痛周期往下滑，我能感受到寶寶擠在骨盆和陰道口。我配合呼吸，使盡全力用力推，但每用力一次，雙腿和雙臂都在發抖，我甚至覺得，下一次陣痛可能就無法再出力了。雖然寶寶即將出世，但子宮每次收縮，都讓我希望世界毀滅。在努力的同時，我完全沒力氣顧慮孩子，只希望能趕快結束生產。我的陰道口彷彿卡了三個拳頭大的石頭，得排出這些石頭才能休息，我是帶著這樣的想法繼續生產。

過程中，我無數次想放棄，想著不要生了，還想不如就死掉算了。我必須以這樣清醒的意識感受所有痛苦，同時還得生下孩子，這讓我生不如死。但以陰道生產方式生下孩子就是「只有我才能完成的事」，是只有我保持清醒，成爲生產的主體，持續用力，才能完成的事。即便彷彿身在地獄。這是我「成功生產」或「被生產打敗」的戰鬥。

又努力了一個小時左右。到底要用力到什麼時候才能生出孩子？就在我陷入無我的境界時，突然傳來「哇」一聲，孩子出來了。我生下孩子了。終於，我完成了從懷孕到生產的整個過程。醫護人員把剛從我體內排出的新生兒放到我的胸口，在孩子出來的同時，他們忙著爲我縫合撕裂的陰道和肛門。

看到孩子哇哇大哭，我有了「還活著」的安全感。和死神搏鬥後歸來，生下了新生命，自己也還活著，我流下了安心的淚水。我即將與這個孩子一同展開新的人生，這麼一想，這眼淚也可說是迎接新生活的眼淚。像是揮別過去而生下孩子的感覺。但也有一股整個旅程獨自戰鬥的孤獨感，因此認爲應該揭發社會對懷孕與生產的無知，訴說更多自己的經驗和想法。我決定要生孩子，作爲成年人，我有責任承擔後果，即使對著因爲懷孕和生產而受傷的身體嘆氣，我也不會把孩子視爲我生命的一部分，更不會放棄產後的戰鬥。

孩子被送到新生兒室，我換到一般病房休息。我只能躺在床上，想著因爲沒有足夠資訊、沒有社會尊重，生了孩子後死亡或生病的女性。這個社會爲這些女性做了什麼，而我們又能如何協助她們呢？我現在，就在這裡，就站在替女性發聲的位置上。

#活著回來了 #感謝——二〇一八年九月十二日

羊水破了，嘩啦嘩啦地流出。

我生下孩子了，謝謝你們的支持。

我和孩子一起活著回來了。

後記——為了不用戰鬥的社會，我今天也在奮鬥

成爲孩子的主要養育者，意味著二十四小時都無法離開孩子身邊。新生兒哭的時間比吃東西和睡覺的時間都要長，之前我根本不知道這件事，甚至覺得以剛生產完的身體照顧連眼睛都睜不開的嬰兒一整天，也許是對我身體的一種虐待。孩子很可愛，但這個小小的存在，似乎得吃掉我的時間和心力才能長大。

我常常在想，獨自照顧孩子的女性就像被關在監獄。她們似乎寧願在SNS上炫耀可愛的孩子，也不願展現出養育的疲憊。因爲照顧孩子時，只要稍微顯露不耐，就會被懷疑「做媽媽」的資格。周遭的人似乎都安然無恙地度過孕期後，生下孩子並開始育兒，爲什麼我

卻有種獨自被丟在孤島的感覺呢？是不是因爲這個社會覺得這一切理所當然是女性分內的工作呢？當所有的人都認爲這是「媽媽」的工作，即使哭訴，這個社會也會認爲她們只是在發牢騷，不願意傾聽。

大家都說，成爲媽媽都會那樣生活，還說妳也是那樣被養大的，養育孩子本來就是那樣。這些話對孩子和養育者來說都太暴力了。這些話只會逼迫媽媽們以義務感和罪惡感照顧孩子，也容忍對懷孕和養育漠不關心的社會。現實裡，經歷懷孕生產、產後調理、養育的漫長過程，大部分的韓國人都認爲這一切全是媽媽個人的責任。

產後，我爲了恢復健康，包含產後按摩的費用在內，付了四百萬韓元給月子中心，並在裡面住了兩周，這是一筆巨款，付這筆錢需要很大的決心，但回頭來看，這不是需要下決心的問題。產後，我只要從座位上站起來就喘不過氣，由於括約肌調節困難，常常尿床，因爲肌肉痛，連一根湯匙都拿不穩。不僅是我，在月子中心遇到的其他孕婦也都患有不同的產後後遺症。這種情況下，還必須二十四小時照顧無法自理的新生兒。此外，只有有能力支付這筆費用的人才能在月子中心休養，這是國家不負責任。

養育者之間常說育兒是「裝備活」。和其他養育者一起傾訴育兒的艱辛時，常常聽到很多人說，雖然最近有許多優秀的育兒裝備，但國家爲何沒有任何準備？爲何不多聘雇托嬰人力？然而，開發有助於減少育嬰勞動的物品、活化托嬰市場，並不意味著這個社會就是友善育兒的社會。

二〇一九年四月，在「墮胎罪」的違憲判決中，一名主張保留墮胎罪的法官留下「我們都是胎兒」的「名言」。如果我們都曾是胎兒，也曾經是兒童，那爲什麼韓國的兒童禁止進入區（No kids zone）如此氾濫？我認爲不歡迎且敵視嬰幼兒的社會，實則是厭惡無法控制嬰幼兒的「媽媽」。「社會化」是透過社會完成的，如果把社會的功能輕易推給個別的養育者，指責他們不管好無法控制的對象，那等於是社會推卸了社會該負擔的責任。韓國社會眞正需要的是尊重養育者的文化，以及社會該以哪些方式參與育兒的討論。

去辦理出生登記時，區廳要求繳交想對孩子說的話，我寫下「戰鬥的女人贏了」。我希望孩子能盡情追逐並實現夢想，也希望孩子不會因爲性別、種族、外貌等無法選擇的特徵而受到歧視。另外，我也想告訴孩子，爲了自己和他人持續戰鬥，最終可以獲得勝利，過著理想的生活。作爲照顧孩子的成人，我認爲應該爲了打造「女人不用戰鬥的社會」而奮鬥。發生在女性身體上的事，選擇權應完全掌握在女性手上，也應該向懷孕與生產的主體，也就是女性，提供知的權利。傾聽並尊重她們的聲音，從懷孕、生產到育兒，這一切不能再讓女性獨自承擔。也就是說，社會要充分制定女性需要的制度，迎接社會新成員需要整個社會的支持。

LOCUS

LOCUS

LOCUS

LOCUS